西安石油大学优秀学术著作出版基金资助出版

鄂尔多斯盆地致密砂岩填隙物成岩演化

郭睿良　邓秀芹　著

中国石化出版社
·北京·

图书在版编目（CIP）数据

鄂尔多斯盆地致密砂岩填隙物成岩演化 / 郭睿良，邓秀芹著．—北京：中国石化出版社，2024.7
ISBN 978-7-5114-7539-8

Ⅰ．①鄂…　Ⅱ．①郭…　②邓…　Ⅲ．①鄂尔多斯盆地-致密砂岩-成岩作用-研究　Ⅳ．①P618.13

中国国家版本馆 CIP 数据核字（2024）第 103283 号

中国石化出版社出版发行

地址：北京市东城区安定门外大街 58 号
邮编：100011 电话：(010)57512500
发行部电话：(010)57512575
http://www.sinopec-press.com
E-mail：press@sinopec.com
北京中石油彩色印刷有限责任公司印刷
全国各地新华书店经销

*

710 毫米×1000 毫米 16 开本 6.5 印张 162 千字
2024 年 7 月第 1 版　2024 年 7 月第 1 次印刷
定价：62.00 元

PREFACE

前言 〉〉〉

致密砂岩油作为重要的非常规油气资源，在我国主要含油气盆地分布广泛，资源量巨大，已成为石油工业界最主要的勘探目标。由储层致密化与油气聚集耦合过程所决定的储层物性和含油条件是致密油资源勘探开发中的关键因素。但目前致密砂岩储层致密–成藏耦合关系相关研究普遍在成岩演化序列、物性破坏过程、油气充注关键节点的物性条件分析上定量化和精细化程度不足，从而严重限制了相关研究成果的准确度和可信性。填隙物不仅是造成储层致密化的直接物质，还保留有丰富的盆地热埋藏和烃类充注信息，是致密砂岩储层致密–成藏过程耦合关系研究重要的纽带和突破口。因此，开展系统的致密砂岩储层精细化研究，厘清填隙物特征及与储层致密性、非均质性、含油气性的关系对于致密砂岩储层评价、有利区预测及油藏开发等都具有重要的现实意义。

本书通过薄片鉴定、场发射扫描电镜分析、连井剖面分析、激光拉曼光谱仪、电子探针、微钻取样、阴极发光分析、碳氧同位素分析、流体包裹体分析、储层烃类分步抽提、生物标记化合物分析等技术方法，开展了盆地范围内不同区带长 8 致密砂岩储层填隙物类型、特征及空间分布差异性研究；对自生伊利石、自生绿泥石、碳酸盐胶结及石英胶结 4 种填隙物进行了微区原位测温实验，定量地分析了填隙物充填顺序及形成过程与机理，阐明了长 8 砂岩储层致密化过程；建立了填隙物充填与孔隙演化、油气充注三者之间的匹配耦合关系和定量表征技术；明确了填隙物对储层微观非均质性、油气充注的影响和控制因素。

鄂尔多斯盆地长 8 致密砂岩储层主要发育绿泥石、伊利石、高岭石、硅质及碳酸盐胶结 5 种填隙物。填隙物主要以颗粒薄膜和粒间、粒内溶孔充填 3 种形态赋存。绿泥石陕北地区含量最高，伊利石主要分布于环县、华池和姬塬地区，高岭石主要分布于姬塬地区，碳酸盐胶结在华庆和陇东地区含量较高。

通过填隙物之间的微观切割交代接触关系，结合微区原位测温实验结果，建立了长 8 致密砂岩储层填隙物定量精细化充填顺序：早期绿泥石黏土膜(35.53~90.59℃)-早期泥晶方解石胶结-早期石英次生加大(70.10~92.50℃)-早期伊利石环边(71.41~108.99℃)-中期碳酸盐胶结(82.91~129.82℃)-中期绿泥石胶结(95.94~126.30℃)-中晚期自生石英胶结(96.10~144.10℃)+高岭石胶结-中晚期伊利石胶结(111.84~157.08℃)-晚期绿泥石胶结(129.47~158.82℃)+晚期碳酸盐胶结(≥130.78℃)。

硅质胶结以中期次生加大边和自形石英微粒为主，蒙脱石向伊利石转化和长石溶蚀是其主要的物质来源；碳酸盐胶结以中晚期为主，邻近泥岩夹层中的有机质脱羧作用是其主要的碳来源，蒙脱石向伊利石转化和斜长石的溶蚀则提供了 Ca^{2+}、Mg^{2+} 和 Fe^{3+}；自生绿泥石和自生伊利石的形成物质主要来源于蒙脱石向伊利石的转化，其中绿泥石主要形成颗粒包膜，并垂直于颗粒表面向外连续生长；自生高岭石主要由长石溶蚀所形成。碳酸盐胶结物减孔量最大，绿泥石、伊利石和石英胶结次之，高岭石减孔量较小。溶蚀作用中长石溶蚀贡献孔隙度最高，岩屑和胶结物溶蚀次之。

油气包裹体均一温度显示，长 8 致密砂岩储层中主要存在 60~80℃和 80~120℃两期油气充注过程，其中 80~120℃区间为主力油气充注期。结合长 8 致密砂岩储层埋藏史、油气充注期次，定量、多期次地分析了致密砂岩储层填隙物充填与孔隙演化、油气充注过程的匹配耦合关系，并建立了三者之间的微区原位定量耦合表征技术体系，研究表明，填隙物减孔主要发生在主力油气充注期内，碳酸盐胶结减孔量最高，硅质胶结、自生绿泥石以及自生伊利石次之，高岭石减孔量较少，溶蚀作用增孔主要发生在第一期和主力油气充注期内，以长石溶蚀贡献比例最高。长8致密砂岩储层在油气充注前孔隙度可达15%以上，整体属于“先成藏，后致密”油藏类型，但在油气充注过程中储层同时完成了致密化和成藏过程，说明在致密-成藏耦合过程的关键时期，长8致密砂岩储层具有“边致密，边成藏”的特点。

对长8致密砂岩储层典型单井填隙物充填与孔隙演化、烃类充注过程的动态耦合关系进行了定量解剖，结果显示主力油气充注期(80~120℃)内填隙物的减孔量是控制致密砂岩油藏形成的关键，该期内填隙物减孔量7.90%是临界值，主力油气充注期内填隙物减孔量小于7.90%为有利致密油藏储集层。

本书共分为5章，第1章概述，由郭睿良执笔；第2章鄂尔多斯盆地地质特征，由郭睿良、邓秀芹执笔；第3章填隙物类型及空间分布差异性，第4章填隙物形成过程及机理分析，第5章填隙物与储层孔隙演化、烃类充注过程的耦合关系，均由郭睿良执笔。全书由郭睿良统稿。

在此，衷心感谢长庆油田分公司勘探开发研究院在书稿前期研究过程中给予的支持，向一直帮助本书出版的西安石油大学科技处和地球科学与工程学院领导及同事表示感谢。同时还要感谢中国石化出版社的大力协助。

本书涉及较多的填隙物显微镜和扫描电镜分析，书中研究成果受作者水平所限，难免会有不足之处，敬请读者批评指正，以求不断提高和完善。

CONTENTS

目录 〉〉〉

第1章 概 述

目前，以致密油为典型代表和重要类型的非常规油气资源在中国主要的含油气盆地中广泛发育且资源量巨大，已成为中国石油工业勘探开发的主要目标之一，推动了我国油气储量和产量的快速增长(赵靖舟，2012；邹才能等，2012)。我国的致密油可采资源量达 $13\times10^8\sim14\times10^8$t，有利勘探面积为 18×10^4km^2(贾承造、郑民、张永峰，2012)。保存致密油的储集层是勘探工作和相关研究中关注的重要对象，其中，致密砂岩油是我国现阶段资源量和规模开发程度均较高的致密油资源类型(杨华、李士祥、刘显阳，2013；贾承造等，2012)。在我国，致密砂岩储层指孔隙度小于10%、覆压基质渗透率小于或等于 $0.1\times10^{-3}\mu m^2$(地面空气渗透率小于 $1\times10^{-3}\mu m^2$)的砂岩储层。沉积过程和复杂强烈的成岩改造过程使得致密砂岩储层胶结物含量高、物性致密、储集空间变化大、非均质性强、成藏机理复杂(朱如凯等，2009；贺永红等，2016；贾承造等，2012)。同时致密砂岩油藏平面连续分布，纵向多层系叠置连片，油藏源储共生，油气为非浮力聚集，以非达西渗流赋存于纳米到微米级孔喉系统，不受明显的圈闭界限制约(操应长等，2019；葸克来，2016；邹才能等，2012)。由此可以看出，在致密砂岩油的勘探与研究中关键是寻找有效储集体，核心问题是揭示有效储层在成岩作用和油气充注背景下的形成演化过程，最终目标是解释致密砂岩非均质性的原因、预测有利储层发育区和致密油富集段，进而实现致密砂岩油的规模高效开发(李国欣、朱如凯，2020；李登华等，2017)。

延长组致密油平面上主要分布于环县、吴起、志丹、正宁、宁县、庆阳所大致圈定的盆地中部，为延长世湖盆的沉积中心；纵向上集中在延长组的中部，主要赋存于长6~长8油层组，即与最大湖泛期沉积形成的油页岩互层共生或紧邻的致密砂岩储集层中(付金华等，2015；姚泾利等，2013)。其中长8油层组探明含油面积达415.4km^2，石油地质储量约 1.7254×10^8t，具有良好的勘探开发前景(梁承春等，2016)。然而，长8段作为湖盆扩张背景下典型的浅水三角洲沉积，储层砂体为退积沉积，平面虽连续分布，但垂向空间连续性较差，砂泥比低，在经历复杂强烈的成岩作用后呈现出成岩胶结物类型多样且含量高、储层物性致密、孔喉系统复杂、储层整体非均质性强等特点，进而造成在实际生产中虽获得工业性油流，但单井产量不高，普遍以中、低产量为主，且油藏地质条件复杂，预测难度大(汪洋等，2017；贺永红等，2016)。因此，当前急需对长8致密砂岩储层开展精细化研究，尤其是储层致密化过程和油气充注聚集之间的时空匹配关系。

致密砂岩储层现今的物性和含油条件是致密化过程与油气聚集过程耦合之后的结果，而物性和含油性又是致密砂岩油气资源勘探开发中的关键因素(Xi et al.，2015；Zou et al.，2013)。以往针对延长组致密砂岩储层致密过程和油气成藏耦合关系的相关研究可被归纳为三种结论："先成藏后致密"(郭正权等，2012；陈贺贺等，2018；Liu et al.，2014)、"先致密后成藏"(任战利等，2014；杨伟伟等，2013；Fu et al.，2017；Wang et al.，2017)、"边致密边成藏"(田亚铭等，2011)。这些研究通常以成岩作用以及储层中的烃类为研究对象，对致密砂岩储层致密化过程中的破坏性和建设性成岩作用分别进行定性、定量分析，反推出储层从沉积作用结束到现今的物性演变过程，再根据烃类物质提供的温度和地球化学信息分析油气充注时间，并与物性演变过程进行对比来判断致密与成藏的先后顺序，但这些研究普遍在成岩演化序列和物性破坏过程的分析上存在定量化和精细化程度不足，尤其是对成岩演化过程中的精确时间、温度约束数据以及油气充注关键节点物性条件的认识较为模糊，从而严重限制了致密史-成藏史时空匹配关系分析结果的准确性和可信度。实际上，储层的致密化过程受沉积环境、成岩作用以及盆地埋藏过程中温度和压力条件变化的共同影响(Bjørlykke，2014；Tamar Agha，2009)。而储层中的填隙物则是贯穿于整个致密化过程和导致储层物性恶化的最直接物质，首先沉积作用决定了填隙物的原始组分，在埋藏成岩阶段胶结物会发生转化和蚀变并对储层物性产生破坏性和建设性的动态影响，同时填隙物还会与盆地热埋藏以及烃类充注过程相互作用(罗静兰等，2006；陈贺贺等，2018；Bjørlykke，2014；Dou et al.，2018；Yuan et al.，2015)。可见，填隙物是连接致密砂岩储层致密化过程与油气聚集过程的关键物质。鄂尔多斯盆地长8油层组中填隙物含量总体较高，平均含量最高达35%，杂基占比较少，最低仅为0.2%，胶结物以铁方解石、伊利石、绿泥石和硅质为主(尚婷，2012；张海林，2016；郭艳琴，2006；闫新智，2011)。目前针对盆地长8致密砂岩储层中填隙物的研究大多停留于对某一区块开展微观上的定性描述和含量统计，盆地尺度的填隙物类型、含量和时空分布以及对储层物性的相关性定量研究依然不多见。此外，利用微区分析手段来研究填隙物的形貌、结构和成分并提取其中保存的成岩历史的温度、时间信息来精细分析其在成岩演化和储层致密过程中的动态定量影响依然是研究的空白区。因此，开展系统的长8储层精细化研究，厘清填隙物与储层致密性、非均质性、含油气性的关系，对于勘探选区、储层评价、致密油开发等都具有重要的现实意义。

1.1 填隙物特征及与储层相互作用研究现状

1.1.1 填隙物特征及对储层孔喉结构和物性的影响

在碎屑岩储层中，填隙物包括杂基和胶结物两种类型，两者具有不同的成因和性质，对储层的物性条件也具有不同的影响(杨勇等，2015)。杂基主要是指碎屑岩中充填于碎屑颗粒之间的、细小的机械成因组分，粒级以泥和细粉砂为主(杨勇等，2015)。常见的杂基成分是高岭石、伊利石、蒙脱石等黏土矿物，各种细粉砂级碎屑，如绢云母、绿泥石、石英、长石及隐晶结构的岩屑等，也属于杂基(王玉祥，2017)。胶结物指以化学沉淀方式形成于粒间孔隙中的自生矿物，大多数胶结物是成岩作用过程的产物(王玉祥，2017)。碎屑岩储层中主要的胶结物类型包括硅质胶结物(石英、玉髓和蛋白石)、碳酸盐胶结物(方解石、白云石、铁方解石和铁白云石)、铁质胶结物(菱铁矿、赤铁矿和褐铁矿)、自生黏土矿物(高岭石、伊利石、蒙皂石、绿泥石、海绿石和伊/蒙混层)等(伏万军，2000；朱筱敏等，2008；李福垲，1980)。

致密砂岩储层中的填隙物作为沉积环境和成岩作用的重要产物，其类型、含量和分布是导致储层孔喉结构和物性非均质的重要影响因素(张哨楠等，2012；王行信，1991)。硅质胶结物是影响碎屑岩储层孔隙结构和物性的主要填隙物(Rezaee and Tingate，1997)。碎屑岩储层中的硅质胶结物一般形成于60~145℃的成岩温度下，从成岩早期到晚期均可形成(Walderhaug，1994)。硅质胶结形成的单晶石英和石英次生加大了充填原生孔隙的力度，减少了孔隙空间，缩小了喉道半径，对储层的孔隙结构和物性具有破坏作用(罗龙等，2015)；有学者认为早成岩期相对浅埋深条件下形成的硅质胶结物增加了岩石的机械强度和抗压强度，对砂岩储集空间的保存具有积极意义，因而应属于保持性成岩作用，对储集层的影响是中性或正面的(武文慧等，2011；黄思静等，2007)；也有学者认为在整体致密的背景下，早期形成的硅质胶结物在成岩作用后期碱性环境下可发生部分溶解作用，形成次生溶蚀孔隙，从而改善储层物性(曲希玉等，2014；李泽民等，2015)。碳酸盐胶结物也是碎屑岩储层中最常见的自生矿物之一，其含量、分布及溶解程度直接影响碎屑岩的储集性能。碳酸盐胶结物对储层的孔隙结构和物性的影响具有双面性：一方面，早期成岩阶段形成的碳酸盐胶结物多呈微晶或泥晶基底式充填于孔隙，这在一定程度上增强了岩石骨架颗粒的抗压实能力，也为后期溶蚀作用的发生及次生孔隙的形成提供了物质条件，对储层物性的保持具有促进作用(张敏强等，2007；王清斌等，2009；邹明亮等，2008；陈波等，2016)；另一方面，碳酸盐胶结物占据孔隙空间，特别是成岩阶段晚期形成的碳酸盐胶结物因缺乏后期溶解作用，对储层的孔隙结构和物性都具有极强的破坏作用，这也是造成鄂尔多斯盆地延长组储集层致密的一个重要因素(付锁堂等，2015；张敏强等，2007；王清斌等，2009；邹明亮等，2008；陈波等，2016)。自生黏土矿物是致密砂岩储层填隙物中胶结物的主要组分，黏土矿物质点微小、比表面积大，其组成、含量和产状对于砂岩储层的孔喉系统和物性都具有显著影响(王行信，1991)。黏土矿物晶体的生长改造粒间孔隙，使储层孔隙半径缩小，结构更加复杂。自生伊利石和伊/蒙混层常以毛发状、片丝状呈孔隙搭桥形式形成于粒间孔隙中，使大量孔隙被分割为微细空间，喉道被堵塞或复杂曲折，降低了砂岩储层的孔隙度和渗透率，严重时可使砂岩完全丧失储集性能(周桦、黄思静、兰叶芳，2012；马明福等，2001)。高岭石充填孔隙使孔隙度降低，但对孔喉的连通性影响较小，从而对砂岩储层的渗透率影响并不明显(高淑梅等，2009)。自生绿泥石对碎屑岩储层物性的影响一直以来都存在争议，Pittman(1968)和 Ehrenberg(1993)认为自生绿泥石可以隔离成岩流体与碎屑石英颗粒，从而起到阻碍自生石英生长和抑制自生石英次生加大的作用，有效地保护了孔隙，并且绿泥石包膜可以明显提高储层的机械强度和抗压实能力而使物性得到有效保护(Ehrenberg，1993；Pittman and Lumsden，1968)；然而，Billault 等(2003)通过镜下观察发现，孔隙衬里绿泥石晶体间存在大量的晶间孔，无法真正将孔隙流体与颗粒表面分开，自生绿泥石对硅质胶结的抑制可能是因其占据了孔隙空间，导致自生石英缺乏生长空间；之后众多学者研究认为，绿泥石包膜是深埋藏条件下储层孔隙保存的重要因素，并且绿泥石包膜对自生石英次生加大的抑制主要是通过改变孔隙微区环境及占据石英结晶基底来完成的(丁晓琪等，2010；刘金库等，2009；黄思静等，2004，2007；Ajdukiewicz et al.，2010；Berger et al.，2009)；不过，也有学者认为绿泥石包膜会堵塞孔隙喉道，导致储层渗透率大幅降低，其对储层孔隙的保护能力较为有限(刘林玉等，1998；姚泾利等，2011)。另外，在致密储层早成岩和中成岩阶段，自生黏土矿物含量的不同也会对孔隙结构特征及储层物性产生明显影响，随着黏土矿物含量的增加，砂岩储层孔隙结构变差、物性明显降低(周桦、黄思静、兰叶芳，2012；王行信，1991)。同时，根据黏土矿物在孔隙中产状的不同，致密砂岩储层的渗透率会按照分散质点式、薄膜式、搭桥式赋存形态依次降低，这主要与储层的渗透率受控于砂岩的孔喉半径大小和连通性有关(王爱丽、赵永刚，2012)。

1.1.2 填隙物成因机理研究

致密砂岩储层中填隙物的类型及含量对于储层的物性条件具有明显的控制作用，系统研究填隙物的成因机理对于致密砂岩中有效储层的预测具有极其重要的作用(张哨楠等，2012)。硅质胶结物的形成机制一直都是国内外学者研究的热点(Haddad et al.，2006；Rezaee and Tingate，1997)，尤其是硅质胶结物的硅质来源(李泽民等，2015；武文慧等，2011；罗龙等，2015；黄思静等，2007；齐亚林等，2014；McBride，1989；Rezaee and Tingate，1997)、硅质胶结的形成期次(Lander et al.，2008；Makowitz et al.，2006；Walderhaug，2000)、硅质的运移过程(Hendry and Trewin，1995)以及烃类充注对硅质胶结形成的影响(Molenaar et al.，2008)等问题。砂岩储层中硅质胶结物成因机理的研究对于确定油气侵位时间、了解古地温、解释储层非均质性具有重要的理论意义和实际应用价值(于均民、周晓峰、刘立，2000；曲希玉等，2014)。碳酸盐胶结物具有分布普遍性、形成多期性、成因多样性等特点(付锁堂等，2015)。前人研究认为，早期的碳酸盐胶结物是在常温常压条件下从过饱和碱性湖水介质中直接析出的，而中晚期碳酸盐胶结物与碱性成岩流体中发生的水-岩相互作用关系密切(王琪等，2007)。碳酸盐胶结物对成岩流体的酸碱性十分敏感，根据孔隙流体酸碱度的变化会发生溶解-沉淀-再溶解-再沉淀的过程，是成岩环境酸碱度变化的良好矿物指示剂(姚泾利等，2011)；在不同的成岩环境下，碳酸盐胶结物中的碳、氧同位素组成具有明显的差异，胶结物中的碳同位素组成可以指示成岩流体中碳的来源，而氧同位素组成可以反映胶结物结晶时成岩环境的地球化学特征以及物质来源，因此碳酸盐胶结的碳氧同位素特征有助于阐明成岩过程中流体-岩石的相互作用机制、孔隙流体演化史及次生孔隙形成机理等重要地质问题(王琪等，2007)。砂岩储层中黏土矿物按其成因可分为两类：陆源碎屑黏土矿物(杂基)和自生黏土矿物。砂岩储层中的陆源碎屑黏土矿物以伊利石、高岭石、蒙脱石为主。陆源碎屑伊利石主要由长石、云母等铝硅酸盐矿物在较低的气温条件下经过风化作用脱钾形成(伏万军，2000)；陆源碎屑高岭石则由铝硅酸盐矿物在温暖、潮湿的环境中被酸性介质不断风化淋滤而形成(朱筱敏等，2008)；陆源碎屑蒙脱石主要由花岗质母岩中的辉石、角闪石、黑云母等在化学风化不彻底的情况下形成，其同时受到物源和气候的影响(于兴河等，2014)。可见，储层当中碎屑黏土矿物的种类对于母岩区的岩石性质和气候条件的研究具有一定的指导意义(于兴河等，2014；张哨楠等，2012；朱筱敏等，2008)。碎屑岩储层中自生黏土矿物的形成与碎屑颗粒成分(石英、长石、岩屑)以及地层水的性质(矿化度、离子成分、酸碱度等)密切相关。自生高岭石可由长石等铝硅酸盐矿物在酸性环境下溶蚀形成，也可以在成岩作用阶段从孔隙溶液中直接析出沉淀(Kriete et al.，2004；Morad et al.，2000；Thornley et al.，2006)；当古地温超过65℃后，砂岩中蒙脱石结合K^+会形成伊/蒙混层自生黏土矿物，伊/蒙混层黏土的比例取决于古地温和K^+的浓度(张哨楠等，2012)；自生伊利石形成于成岩作用早期钾长石的水解或成岩作用中-后期蒙脱石的转化，随埋深增大，温度、压力升高，自生伊利石含量会明显增高(伏万军，2000)；自生绿泥石主要发育于三角洲前缘水下分流河道和河口坝等微相中，具有较强的环境专属性，其形成多与碱性成岩环境下的高岭石或蒙脱石与孔隙水携带的Fe^{2+}、Mg^{2+}发生反应有关(姚泾利等，2011)。另外，填隙物尤其是黏土矿物常发育于颗粒表面及孔隙空间，易与入侵流体发生强烈而快速的物理化学反应，发挥膨胀、运移、水化、溶解等作用，使储层呈现水敏、酸敏、速敏等特性，对油藏开发影响极大(周桦、黄思静、兰叶芳，2012；张浩等，2005)。高岭石晶体之间结合力较弱，在高速流体的剪切应力作用下，高岭石集合体易与骨架颗粒的底座脱落，并被打成碎片，随流体迁移堵塞喉道，使渗透率下降(何永宏，2014)，并且高岭石在碱性环境下易发生溶蚀，因此其对储层的潜在损害为速敏和碱敏(柳娜、南珺祥、刘伟，2008)。绿泥石在酸性水介质环境中易被溶解并释放出F^{3+}、Mg^{2+}形成沉淀，堵塞孔喉，对储层具有潜在的酸敏损害(赵峥延等，2013)。片状、丝发状的伊利石或伊/蒙混层使孔隙中的流体通道变得曲折，从而导致渗透性大大降低，且伊利石具有较大比表面积和强烈吸水性，易形成强吸水区，故其对储层具有水敏、水锁和速敏的损害作用(曹忠辉、程少林，2006)。

1.1.3 填隙物与成藏富集之间的关系

填隙物类型及其组合与油气充注、成藏富集间具有重要关系，由于油气储层中的杂基含量一般较少，因此胶结物与成藏富集的耦合关系显得极为重要(包洪平等，2007)。例如，自生绿泥石具有亲油性，其覆盖于颗粒表面会使储层变为油润湿，从而有利于油气在低孔、特低渗储层中成藏(公繁浩等，2011)；碳酸盐胶结会使储层致密化，但后期的酸性流体又会使部分碳酸盐胶结物溶蚀，有利于形成岩性圈闭(付锁堂等，2015)。与此同时，油气充注又驱走了层间的水介质，成岩系统物理化学环境改变，成岩矿物之间失去了物质交换渠道，从而抑制或改变了成岩演化过程与方向(宋璠等，2015；谭先锋等，2016)。成岩自生矿物是记录流体场、成岩场变化信息的良好载体，如油气成藏期油层内外成岩环境不同，使得油层内的高岭石得到保存，油层外的高岭石转化为其他黏土矿物，因此常认为高岭石异常高值带是工业油层出现的重要标志(孟祥超等，2014；李勇、陈国明，2006)；以有机质脱羧作用为成因的部分碳酸盐胶结物沉淀时间稍晚于油气充注，可以作为指示油气充注或运移的特征矿物；硅质胶结物还可记录油气侵位时间、成藏期次和古地温等重要的成藏信息(于均民、周晓峰、刘立，2000；曲希玉等，2014)。

总体来看，填隙物参与了储层致密化和成藏的全过程，尤其是其中的成岩自生胶结物会直接导致储层物性破坏、孔喉系统非均质，并影响油气富集过程。同时胶结物还保留了成岩过程和油气充注过程中相关的温度、时间信息，可用以定量划分和确定成岩序列、油气充注时间和期次等。由此可以看出，填隙物是致密砂岩储层致密与成藏耦合关系之间的一个重要纽带，是开展致密砂岩储层精细化研究的一个重要切入点，故有必要开展填隙物的类型、赋存状态、定量化充填序列、对储层物性的动态影响以及与成藏富集关系的系统细致研究。

1.2 致密砂岩储层微区研究技术手段

随着油气勘探开发的不断深入，常规的储层分析技术已经不能满足对致密储层微观特征研究的需要，因此，越来越多的先进实验测试分析技术被应用到致密砂岩储层微观孔隙结构和成岩面貌的分析当中。根据分析维度的不同可以分为三类，即一维定量评价，如高压压汞、核磁共振、氮气吸附(罗顺社等，2013；郝乐伟、王琪、唐俊，2013)；二维精细刻画，如扫描电镜、电子探针、激光拉曼光谱分析(方伟，1993；郑洁、陈勇，2009；郝乐伟、王琪、唐俊，2013)；三维空间表征，如激光共聚焦显微镜、微纳米 CT 扫描(郝乐伟、王琪、唐俊，2013)。而微区原位分析技术是在二维平面观察的基础上对储层中单矿物表面某一点实现形貌特征、内部结构和化学成分观察和测定的相关分析手段，主要包括：扫描电镜(SEM)、流体包裹体分析、激光拉曼光谱分析、电子显微探针(EMPA)和二次离子质谱分析(SIMS)等。这一类测试技术能够提供原位、定量、高分辨率的数据，可为致密砂岩的储层面貌、成岩演化及油气充注史相关研究提供有力证据，能够满足致密砂岩储层精细化研究的要求，具有广阔的应用前景。现将相关实验技术的原理和特点介绍如下：

(1) 扫描电镜的原理是在高真空环境下由一束极细的电子束从各个角度扫描样品，在样品表面激发出次级电子，然后收集并放大次级电子等信息，显示出与电子束同步的扫描图像，其能够无损地对矿物、孔隙进行微观形貌特征的观察，具有分辨率高(二次电子分辨率达 1nm)、景深大、图像三维立体感强等优点，能够客观、真实地反映样品的性状(王坤阳等，2014)。随着技术的进步，扫描电镜的功能和性能分别得到了增加和强化，发展出场发射扫描电镜(FE-SEM)和环境扫描电镜(E-SEM)。场发射扫描电镜在真空条件下进行分析，观察前须对样品进行真空金属镀膜导电处理，其观测精度可达 0.04nm，最大特点是具备超高分辨率图像扫描的观察能力，是油气储层中纳米-微米级孔喉结构形貌观察的最有效仪器(罗顺社等，2013)。环境扫描电镜的基本工作原理与扫描电镜相同，其优点在于样品室为低真空，可以观察含油、含水的样品以及非导电样品，最显著的特点是可在气相或液相存在的环境中观察样品，避免干燥和真空损伤，并可连续观察岩石反应的动力学过程(谢增业等，2003)。

(2) 流体包裹体。流体包裹体是在成岩过程中矿物结晶生长的同时捕获或包裹住的成岩或烃类流体，在单个矿物中被封存并存在一定的相界限(欧光习、李林强、孙玉梅，2006)。流体包裹体中保存的呈液态或气液共存的有机/无机流体可以提供多种信息：①成岩成藏流体运移与矿物生长之间的相对或绝对顺序。通过流体包裹体与成岩矿物的共生关系或包裹体中的同位素绝对年龄来确定流体活动与成藏成岩的相对或绝对时间(周雯雯、张伙兰，2000；江思宏等，2006)。②特定流体进入孔隙空间和特定矿物形成时的温度。通过储层中盐水包裹体和油气包裹体的均一温度可以确定矿物和烃类充注时的温度，与盆地埋藏史和热史相结合也具有一定的时间意义(欧光习、李林强、孙玉梅，2006)。③包裹体中流体的化学成分。由烃类、成岩流体的元素和同位素组成，可以确定流体的性质和来源信息(欧光习、李林强、孙玉梅，2006)。④成岩成藏流体的运移路径和活动强度。通过分析特定期次的流体包裹体组合的相对赋存位置、丰度和组分可以反演出古流体的聚集过程。分析手段上，流体包裹体中的不同信息是通过不同的仪器设备来获取的：利用配备有冷热台的偏光-荧光显微镜可以观察包裹体与矿物的共生关系、测定包裹体的均一温度、区分盐水和油气包裹体并鉴别油气的显微组分(潘雪峰，2013)；流体包裹体的化学组成是由激光拉曼光谱和红外显微光谱来测定的，激光拉曼光谱只需确定特征拉曼峰位置就可以知道包裹体中的原子成分，在定性分析时较为便捷，但定量分析受限于标样校正和不同仪器间的参数差异而较为烦琐，红外显微光谱相比激光拉曼光谱分析的包裹体更大，一般大于 25μm，分析原理与激光拉曼光谱相似，但因其不受有机质中荧光物质的干扰，故理论上定性和定量分析结果更为准确(卢焕章等，2004；欧光习、李林强、孙玉梅，2006)；油气包裹体中烃类流体的成熟度是由荧光光谱分析来确定的，其原理是有机质的成熟度与荧光显色性具有对应关系，成熟度越低，荧光光谱主峰值越小，荧光显色则表现为“蓝移”，根据荧光光谱主峰波长(λ_{max})、荧光强度(I_{max})以及红绿熵(QF_{535}和$Q_{650/500}$)之间的关系可以定性地判断包裹体中烃类所代表的油气来源、充注期次和成熟度(方欣欣等，2012)。

(3) 激光拉曼光谱分析是基于分子光谱的微区分析技术，它由光学显微镜与激光拉曼光谱仪组成，分析精度达微米级，样品用量少(最少仅10^{-5}μg)(何谋春、吕新彪、刘艳荣，2004)。激光拉曼光谱的分析原理是当波长为λ的光照射到物质表面，会发生拉曼散射，产生部分与入射光波长不同的散射光，这部分散射光与物质本身的分子结构和振动相关，因此只需通过测量散射光的波长位移即可确定物质的种类，而通过计算散射光通量就可以定量确定物质内部分子浓度和结构的变化(王强，2007)。激光拉曼光谱分析在致密储层相关研究中常用于部分自生矿物的鉴定(王强，2007)、流体包裹体中轻元素分子化合物组成的定性定量分析以及残留有机质的成熟度测定(何谋春、吕新彪、刘艳荣，2004)。

(4) 电子探针是一种作用于物质表面无损的元素组成微区分析方法(龚沿东，2010)。该方法的原理是照射系统的电子枪对样品发射电子束使样品激发出多种二次电子和特征X射线，再接收这些信息从而对物质进行形貌观察和元素的判定及含量分析(李斌之，2011；龚沿东，2010；龚玉爽等，2011)。二次电子中的背散射电子可以显示物质的背散射成分图像，二次电子强度可以获得物质表面的扫描电镜形貌图像，而电子束产生的阴极发光还可以对矿物进行阴极发光图像分析；特征X射线的波长和能量取决于元素的原子结构，故通过特征X射线可以鉴别不同元素，再利用不同元素的特征X射线波长和强度与标准样品的X射线能谱比对就可以得到元素组成的定量结果(龚沿东，2010)。因此电子探针兼具背散射、阴极发光、常规扫描电镜观察和元素定量分析功能，可对元素周期表中从硼(B)到铀(U)的所有元素进行含量测定，检出限大于0.01%，相对误差低于±2%，探针束斑直径最小可达1μm(李斌之，2011；王强，2007)。目前在致密储层成岩作用的研究中，电子探针通常被用于对碳酸盐胶结、绿泥石等成岩胶结物的主量化学成分进行定量测定，来分析胶结物的来源和期次等特征，具有较好的应用效果。

1.3 致密砂岩储层致密与成藏关系研究现状

致密砂岩储层致密史与成藏史的耦合关系无论是对油气勘探开发的进步还是对沉积学理论的发展均具有重要意义，故而始终是近年致密储层研究的热点。致密砂岩储层的致密化过程受沉积因素和成岩过程的共同作用是目前相关研究的共识(朱如凯等，2009；邹才能等，2012)。沉积因素对储层致密过程的影响总体较单一，沉积盆地性质和沉积环境共同控制了沉积物的原始组分、结构和原生孔隙，沉积相上致密储层多分布在冲积扇和三角洲前缘，储层总体具有近物源、成分和结构成熟度低、相变快、泥质杂基含量高及非均质性强的特点(姚泾利等，2013，2015；杨华、李士祥、刘显阳，2013)。而成岩作用对储层致密化的影响则更为复杂，其本身受构造演化、沉积作用、矿物组成、盆地热流性质、流体运移及成岩环境中物理化学条件等多种因素的控制，被成岩改造后的致密储层普遍埋深较大、成岩演化程度高，且经历了十分复杂的成岩变化(操应长等，2019；汪洋等，2017；陈贺贺等，2018)。在成岩作用导致储层致密的具体机理上，除塑性颗粒含量较高的砂岩受早期强烈压实作用而致密化外(朱如凯等，2009)，众多研究还强调了埋藏成岩后生改造环境中形成的各类成岩胶结物对储层致密化的至关重要的影响，如自生黏土矿物中的伊利石和过度生长的绿泥石黏土膜会使孔喉系统被充填并形成网格状微细结构，从而使渗透率显著下降；再如中-晚成岩期的Ⅲ级石英次生加大和晚期铁白云石充填交代会导致砂岩储层强烈致密化(汪洋等，2017；罗静兰等，2006；蒽克来，2016；贺永红等，2016；陈贺贺等，2018；Ehrenberg，1993)。以往有关储层致密化过程的研究通常是对沉积作用和成岩作用对储层物性的破坏进行定性定量分析，并将成岩过程中不同成岩作用具体的物性破坏定量化，以此来反演储层自沉积埋藏后的物性演化过程(汪洋等，2017；蒽克来，2016；郭正权等，2012；陈贺贺等，2018)。总体的研究思路呈现出从“定性描述”到“精细化定量分析”的演变过程。

致密砂岩储层的烃类充注过程会排出孔隙空间的成岩流体，将碎屑颗粒包覆，改变成岩环境，进而阻碍自生矿物的形成，有利于孔隙的保存(刘登科，2019；罗静兰等，2013)。但成岩作用并非烃类充注发生的同时就完全停止，只有烃类占据了大部分孔隙，使成岩流体无法流动时才能彻底抑制成岩作用的进行(吴富强、宁兴贤，2004)，同时烃类在深埋藏条件下会遭到微生物降解产生有机酸使矿物颗粒发生溶蚀(朱筱敏等，2002)。可见，储层的致密化过程与烃类充注过程并非彼此割裂而是相辅相成、互相影响的，因此越来越多的研究将储层成岩作用、胶结物形成以及烃类充注三者紧密结合进行分析，来探索致密砂岩有利储层的形成演化过程(刘登科，2019；汪洋等，2017；罗静兰等，2013；蒽克来，2016；陈贺贺等，2018；Xi et al.，2015)。众多有关致密砂岩储层致密与成藏耦合关系的研究主要集中在储层致密与成藏的先后顺序上，根据通过包裹体测温和成分分析、同位素分析、石油充注临界实验、残余烃类分步抽提等手段得到的直接或间接证据，研究者们分别提出“生排烃高峰期储层物性良好、成藏后储层逐渐致密”(刘震等，2013；邓秀芹、刘新社、李士祥，2009；郭彦如等，2012；陈贺贺等，2018)、“致密油是在储集层致密的背景下成藏的”(付金华等，2017；任战利等，2014；汪洋等，2017)、“储层边致密、石油边成藏”的观点(田亚铭等，2011)。这些研究虽然都力图对致密砂岩的流体-岩石相互作用的时空演变进行动态化定量分析，但是，在成岩作用微观特征、成岩作用中各因素对物性破坏的动态过程和具体贡献以及储层具体定量的致密化时间等问题上还存在欠缺。如前所述，填隙物作为成岩作用中最活跃的物质不仅直接导致储层致密并与油气充注相互作用，其本身还保留有许多成岩作用过程中的温度和时间信息，是致密砂岩致密史与成藏史耦合关系研究中重要的纽带和精细化研究的突破口。因此有必要开展系统的，宏观与微观、点与面相结合的填隙物特征及与致密砂岩储层成岩演化序列-成藏富集间耦合关系的研究，以期为致密油勘探开发提供地质理论依据和数据支撑，同时也具有重要的理论创新、方法创新、技术创新意义。

第2章 鄂尔多斯盆地地质特征

2.1 区域概况

鄂尔多斯盆地位于华北克拉通西部，地处北纬34°～41°30′、东经106°20′～110°30′，主要横跨陕西省、甘肃省、山西省、宁夏回族自治区以及内蒙古自治区等五个省级行政区划单位，构造位置上，盆地北以阴山-大青山为界，南至陇山、黄龙山、桥山，西达贺兰山、六盘山，东邻吕梁、中条山，总面积约$37\times10^4km^2$，是中国第二大沉积盆地(苏楠，2011)。鄂尔多斯盆地发育于华北克拉通的太古代和元古代结晶岩与变质岩基底之上，上覆古生代、中生代及新生代沉积，是典型的内陆多期旋回叠合型盆地。从古生代到中生代，鄂尔多斯盆地经历了从拥有汇聚边缘的克拉通盆地，到板内残余克拉通盆地的演化过程，总体构造性质较稳定，具有整体抬升、持续沉降、坡度宽缓、低隆起、接触平整均一的特征(赵重远，1990；Yang et al.，2005)。盆地现今的构造形态总体为东翼宽缓、西翼陡窄的不对称大向斜，根据盆地构造演化特点、基岩埋深以及现今构造形态，可将盆地划分为六个一级构造单元：东部的晋西挠褶带、北部的伊盟隆起、西部的天环坳陷和西缘冲断带、中部的伊陕斜坡以及南部的渭北隆起(图2.1)(杨华，2004)。

在晚三叠世，在印支运动造成的构造载荷作用下，盆地与华北地台解体分离，演化为具前陆盆地性质的挤压型陆源近海湖泊盆地，至晚三叠世延长期，湖盆的沉积物供给与沉降处于均衡状态，盆地四周的古陆为湖盆提供了充足的物源供给，形成一套生-储-油层发育的陆源碎屑沉积建造延长组，该岩系客观记录了大型淡水湖盆从坳陷湖盆初始形成、强烈扩张、稳定收缩到抬升消亡四个不同阶段的发展演化过程，构成一个完整的河流-湖泊三角洲-湖沼相沉积演化旋回(Yang et al.，2005)。延长组具有相当好的生储盖配置，具备巨大的油气勘探潜力，在陕北、姬塬、陇东、华庆地区均发现大规模致密油藏，并已实现规模开发

（姚泾利等，2013，2015；杨华、李士祥、刘显阳，2013）。

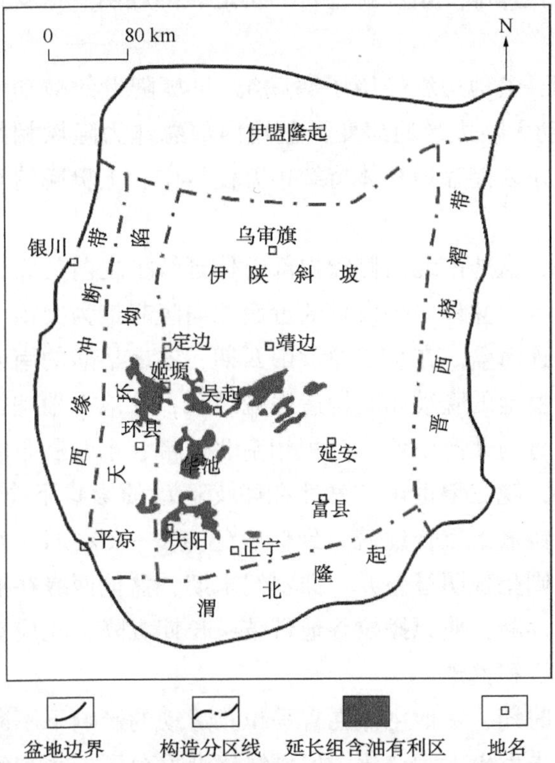

图 2.1　鄂尔多斯盆地构造单元划分（据 Wang 等，2017）

2.2　盆地构造演化特征

鄂尔多斯盆地的构造演化过程总体上是建立在区域和局部不同构造环境演变基础上的盆地内部的沉积充填和响应的过程。在“古中亚洋盆”南缘和西南缘秦祁海槽及其派生的贺兰拗拉槽演化过程的复合控制下，盆地基底经历了从太古代的微陆块拼接，到古元古代的裂陷再造，再到古元古代末期固结的演变，之后盆地进入统一、稳定的华北克拉通沉积盖层发育阶段（赵重远，1990）。根据沉积环境古地理和地质构造层，鄂尔多斯盆地的构造演化过程大致可分为五个阶段（何自新，2003；杨俊杰，2002）：

在中、新元古代时期，盆地不同时代和性质的结晶基底在吕梁运动的作用下逐渐固结为稳定和统一的克拉通陆壳。但此时盆地总体刚性强度较弱、固结程度较低、地层厚度较薄、地温梯度较高，这些特点造成盆地由西向东依次发育了贺兰拗拉谷、晋陕拗拉谷、晋豫拗拉谷、白云鄂博-渣尔泰拗拉谷等，说明整个华北地区由边缘向陆块内部开始了新一轮的构造裂陷旋回。这就是鄂尔多斯盆地形成的基础。

早古生代时期，盆地边缘经历了寒武纪-早奥陶世的被动大陆边缘，到中奥陶世-晚奥陶世主动大陆边缘的演变，盆地内部总体为隆坳相间、北高南低的构造格局。同时加里东末期盆地整体持续抬升使得中、上奥陶统至下石炭统地层普遍缺失。

晚古生代时期，盆地南北两侧和内部总体延续了之前的整体隆起、局部隆坳相间的构造地貌，其中盆地中央发育的近南北向隆起最为突出，它分割了东西两侧的华北海盆和祁连海盆。在早二叠世山西期，盆地早期的南北向中央隆起逐渐消失，宣告着早期盆地的隆坳相间构造地貌结束，盆地古地理格局发生改变。鄂尔多斯盆地整体发育为北高南低，沉积相南北分带、东西展布的格局。

至中生代时期，晚三叠世末，盆地在印支运动的影响下全面抬升并被剥蚀，形成了丘陵起伏的镶嵌不整合地貌。到侏罗纪直罗-安定期，盆地南北方向差异几乎消失，而东西则呈现明显差异。侏罗纪末期，盆地西缘在燕山运动的作用下发育大规模推覆与冲断，使原拗拉谷地带结束长期沉降，相应地，鄂尔多斯盆地也彻底成为独立的沉积盆地。

最后在新生代时期，盆地主体在喜马拉雅运动的影响下不断隆生，内部东高西低的构造格局并未发生太大变化，但周缘逐渐发育了一系列河套、银川、汾渭等断陷盆地。

在鄂尔多斯盆地整体的演化过程中，中生代尤其在晚三叠世是盆地油气资源形成的重要时期，此时的盆地具有较快的地壳增生率、缺氧还原环境和基底断裂活化等特点，从而为油气的生成、运移和富集提供了极为有利的地球动力学背景(何自新，2003；杨俊杰，2002)。

2.3　三叠系延长组地层发育特征

延长组是一套以大型内陆坳陷盆地为背景，以河流和湖泊相为主的陆源碎屑沉积，也是鄂尔多斯盆地内陆湖盆形成后的第一套生储油岩系和最主要的勘探开发层系，延长组沉积充填记录了该大型淡水湖盆间歇，振荡式湖进、湖退的完整兴衰演化历史，其底部与中三叠统纸坊组呈假整合接触，顶部与侏罗系富县组和延安组呈假整合接触(杨华，2004)。延长组总体为一套由浅灰色/灰绿色中厚层中细粒砂岩、粉细粒砂岩和深灰色/灰黑色泥岩、砂质泥岩互层夹黑色碳质泥岩、页岩及油页岩所组成的含煤、含油层系，偶夹较薄凝灰质泥岩、煤线或薄煤层。延长组沉积旋回性较强，原自下而上划分为五个段，各段之间均为连续性沉积，之后为了适应油气田勘探开发需要，按岩性组合、沉积构造、生物组合和电性特征，特别是根据十个标志层（$K_0 \sim K_9$）将延长组自上而下细分为十个油层组。作为区域地层划分和对比的标志层，其岩性主要为凝灰岩、页岩、碳质泥岩及煤线，以其电性上具有高自然伽马值和高电阻背景下的中低电阻率，以及声速时差呈尖刀状高峰为主要特征。自下而上各油层组的地层发育特征分述如下（图 2.2）：

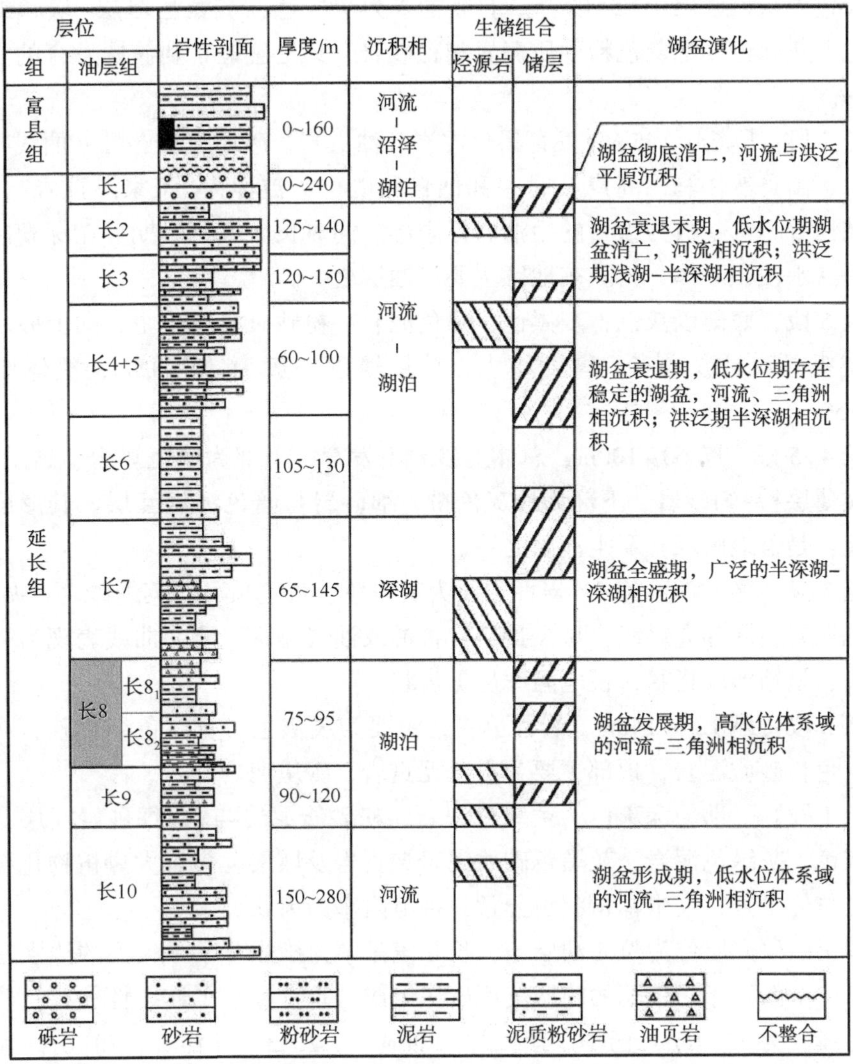

图 2.2　鄂尔多斯盆地上三叠统延长组地层序列（据 Wang 等，2017）

长10段：以灰绿色厚层、块状、细至粗粒长石砂岩为主。视电阻率一般呈指状高阻，自然电位高幅钟形、箱形负异常，沉积厚度250m左右，与下伏纸坊组呈假整合接触。

长9段：厚90~120m，其下部为灰白色中细砂岩，上部为深灰色粉砂岩与灰黑色泥岩、碳质泥岩互层，顶部为一套黑色泥页岩沉积，盆地内发育广泛，被称为“李家滩页岩”，为地层对比的重要标志。

长8段：厚75~95m，岩性上部为灰色、深灰色泥岩、粉砂质泥岩、粉砂岩夹灰绿色、灰色厚层中-细砂岩；下部主要为灰绿色、灰黄色厚层-块状细砂岩夹灰色、灰绿色、深灰色粉砂质泥岩和粉砂岩。其是盆地有利储层发育的重要层位之一。

长7段：厚65~145m，发育黑色泥岩、油页岩、碳质泥岩，测井曲线特征为高电阻、高自然伽马、高声波时差和低自然电位，被称为“张家滩页岩”，在盆地区域性分布，是极为重要的生油岩标志层。同时长7沉积时期，在深湖区广泛发育了深水浊积砂体，为陇东地区主要产油层之一。

长6段：底部以灰色、灰黑色、黑色泥岩、粉砂质泥岩为主，向上砂岩粒度逐渐变粗，砂层数增多，厚度增大，单层厚度一般为10~15m，整体厚度在105~130m。

长4+5段：厚60~100m，总体上砂岩不发育，上部为暗色泥岩、碳质泥岩、煤线夹薄层粉-细砂岩。下部为浅灰色粉、细砂岩与暗色泥岩互层。其形成于深水环境，是盆地区域主要生油层之一。

长3段：厚120~150m，岩性主要为灰白色、灰色长石石英细砂岩，夹灰色、灰黑色泥岩，局部夹煤线，见少量斑状含油或油气显示，测井曲线表现为自然电位偏负、呈箱形或指状，视电阻率呈锯齿状。

长2段：厚125~140m，岩性单一，主要为浅灰色、灰绿色细粒砂岩夹灰黑色、灰色粉砂质泥岩，顶部主要为黑色泥页岩、碳质泥岩。

长1段：下部为深灰色、黄绿色泥岩、粉砂质泥岩与粉-细砂岩互层，上部为深灰色、灰绿色泥岩，灰黑色碳质泥岩夹页岩及煤层，含有大量植物化石，自然电位总体平直，夹中幅指状负异常，视电阻率为齿状。

本书的研究层位为长8油层组，长8段是湖盆扩张背景下典型的浅水三角洲沉积，由一系列相对较薄的旋回沉积砂体组成，垂直和水平连续性较差，砂泥比低，总厚度为75~95m（杨华、李士祥、刘显阳，2013；汪洋等，2017）。根据岩性组合自上而下可进一步细分为长8_1和长8_2亚组，其中长8_1亚组厚度为45~50m，主要发育泥岩、粉砂质泥岩和粉砂岩，中厚细砂岩；长8_2亚组厚35~70m，主要为厚层块状细砂岩，夹粉砂质泥岩和粉砂岩。长 8_1、长 8_2亚油层组中下部的三角洲前缘砂体相对较发育，是盆地区域上致密砂岩有利储层发育的重要层位之一。

2.4 长8致密砂岩储层基本特征

鄂尔多斯盆地长8致密砂岩以岩屑长石砂岩、长石岩屑砂岩以及长石砂岩为主，碎屑成分上长石和岩屑含量较高，石英含量较低(图2.3A)。填隙物主要类型为黏土矿物、碳酸盐胶结和硅质胶结，其中黏土矿物以自生伊利石和绿泥石包膜为主，平均含量分别为3.30%和2.31%，高岭石和绿泥石填隙含量较低，平均含量分别为0.42%和0.20%；碳酸盐胶结中铁方解石占比最高，平均含量达4.56%，方解石次之(平均含量0.38%)，铁白云石、白云石和菱铁矿含量较低(图2.3B)。致密砂岩碎屑颗粒粒径以中-细为主(图2.3C)，分选中等-好(图2.3D)。总体成分成熟度较低，结构成熟度中等。

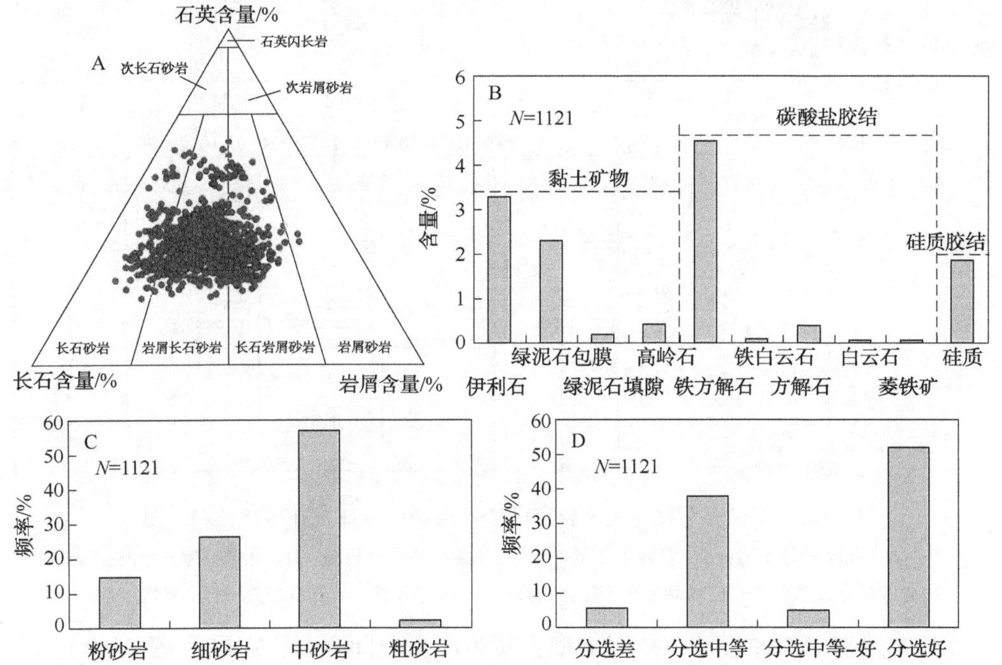

图2.3 鄂尔多斯盆地长8致密砂岩储层岩石组成、填隙物组成、岩性及分选分布综合图

A：砂岩碎屑组分三角判识图(图版据Folk，1974)；B：基于镜下统计的填隙物含量分布图；C：基于粒度分析的岩性分布图；D：分选分布图

盆地长 8 致密砂岩储层孔隙度平均为 8.89%，渗透率平均为 0.57×10^{-3}μm^2，孔隙度(Φ)和渗透率(K)分布主体分别小于 14%和 0.4×10^{-3}μm^2(图 2.4A、图 2.4B)，具有特低孔-超低渗的特征。储层孔隙度与渗透率总体呈正相关(图 2.4C)，但也存在个别“低孔高渗”和“高孔低渗”样品，可能是由孔隙类型、微裂缝、溶蚀作用发育的差异性所导致的，说明储层整体非均质性较强。

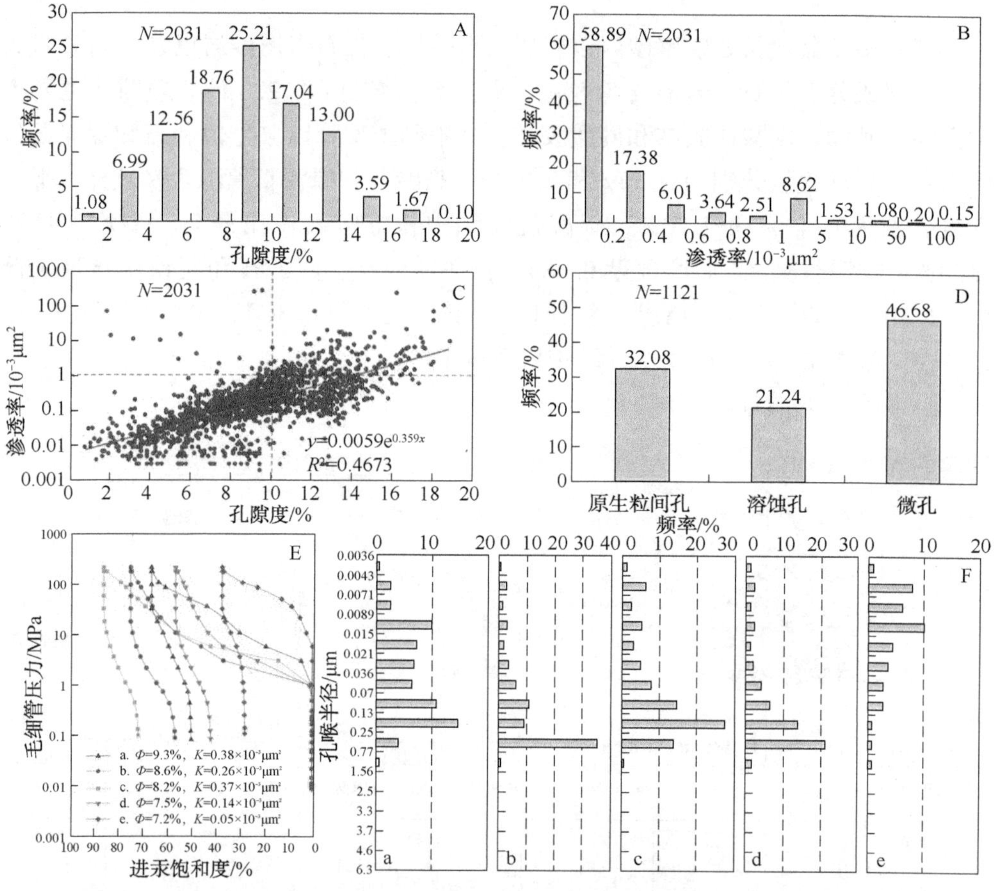

图 2.4　鄂尔多斯盆地长 8 致密砂岩储层物性特征及孔喉特征综合图

A：孔隙度分布图；B：渗透率分布图；C：孔渗相关性分析图；D：孔隙类型分布图；

E：研究区长 8 致密砂岩典型样品毛细管压力曲线；F：研究区长 8 致密砂岩典型样品孔喉半径分布图

长 8 致密砂岩储层储集空间类型主要为原生粒间孔(图 2.5A、图 2.5B)、岩屑粒内溶蚀孔(图 2.5C)、长石粒内溶蚀孔(图 2.5D、图 2.5E)以及黏土矿物晶间微孔(图 2.5F)。原生粒间孔、溶蚀孔和微孔分别平均占孔隙总量的 32.08%、21.24%和 46.68%(图 2.4D)，微孔占比最高，说明储集空间相对细小狭窄。典型样品高压压汞分析显示，排驱压力为 0.96~2.52MPa，平均 1.66MPa，最大孔喉半径为 0. 292 ~ 0. 766μm，平均 0. 540μm，中值孔喉半径为 0. 015 ~ 0. 104μm，平均 0. 057μm(图 2. 4E、图 2. 4F)，孔喉细小，以微孔-极细喉为主，储层物性较差；毛细管压力曲线总体倾斜，基本不发育平缓段(图 2. 4E)，分选系数平均为 0. 145，说明储层孔喉大小分选较差，孔隙空间非均质性较强；最大进汞饱和度为 37. 02% ~ 85. 27%，平均 63. 69%(图 2. 4E)，退汞效率平均为 23. 59%，反映出储层中汞不饱和微孔隙发育较多，且渗流能力较差。

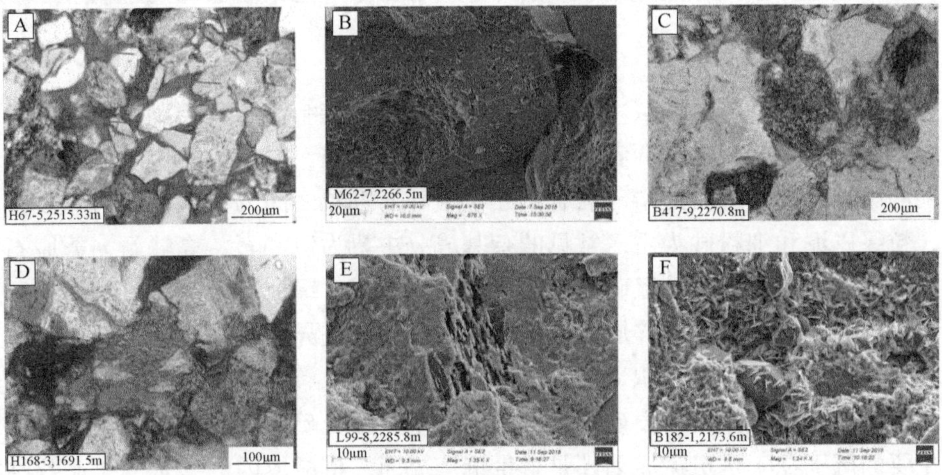

图 2. 5　鄂尔多斯盆地长 8 致密砂岩储层孔隙类型

A：原生粒间孔，单偏光；B：原生粒间孔，扫描电镜；C：岩屑粒内溶蚀孔，单偏光；D：长石粒内溶蚀孔，单偏光；E：钾长石粒内溶蚀孔，扫描电镜；F：自生绿泥石晶间孔，扫描电镜

第3章

填隙物类型及空间分布差异性

一般来说，碎屑岩储层中的填隙物包括杂基和胶结物两种类型，它们是沉积和成岩作用的综合产物，两者具有不同的成因和性质，对储层的成岩作用也具有不同的影响。杂基主要是指碎屑岩中充填于碎屑颗粒之间的、细小的机械成因组分，粒级以泥和细粉砂为主。常见的杂基成分主要为伊利石、高岭石、蒙脱石等黏土矿物，而各种细粉砂级碎屑包括隐晶结构岩屑、绿泥石、绢云母、石英及长石等，也属于杂基范围。碎屑岩储层中的杂基含量差异较大，这主要与其沉积环境有关，如分选较弱的沉积环境形成的碎屑岩往往混有大量的杂基。碎屑岩储层中最重要的杂基成分是黏土矿物，但碎屑岩中的黏土矿物还有可能是胶结物，二者主要的区别在于是机械成因还是自生沉淀成因。机械成因的杂基黏土矿物结构破碎，粒径细小，不易辨认，而胶结物是碎屑岩中以化学沉淀方式形成于粒间孔隙中的自生矿物，具有不同矿物各自独有的特征自形结构和构造，容易辨认和鉴定。它们仅极少量形成于沉积-同生期，大多数是成岩-后生期的产物。碎屑岩储层中主要的胶结物类型包括碳酸盐胶结物、硅质胶结物、铁质胶结物、自生黏土矿物(高岭石、伊利石、蒙皂石、绿泥石、海绿石及伊/蒙混层)等(伏万军，2000；朱筱敏等，2008；李福垲，1980)。

盆地长8致密砂岩储层填隙物中的杂基含量普遍偏低，平均不足2%，结合前人研究成果，认为其对储层物性影响有限。相比而言，胶结物平均含量达到了14%，是导致储层物性变差、非均质性突出的主要原因之一。鉴于此，本书着重讨论了填隙物中胶结物的类型、产出状态以及空间分布特征。

3.1 填隙物类型及特征

通过薄片鉴定、扫描电镜观察，盆地长8致密砂岩储层主要发育硅质胶结、碳酸盐胶结以及自生黏土矿物3种胶结物类型。

3.1.1 硅质胶结物

这种胶结物在盆地长 8 致密砂岩储层中分布普遍，含量为 0.2%~8%，平均为 1.88%。硅质胶结普遍以两种形态产出。一种胶结形态是以常见的围绕碎屑石英边缘生长的方式存在，即所谓的石英次生加大边，这种形态的硅质胶结以多个具有相同光性方位的微晶石英在颗粒表面连接成较大晶面或包裹颗粒表面(图 3.1A、图 3.1D)；另一种胶结形态即以晶型完美的六方双锥石英晶体产出在原生粒间孔或长石溶蚀孔中(图 3.1B、图 3.1C)，并常与自生黏土矿物伴生，如绿泥石、伊利石、伊/蒙混层及高岭石(图 3.1B、图 3.1D~图 3.1F)。自生石英在扫描电镜下呈假六方双锥的规则形状，以微晶或粗晶自形集合体占据孔隙空间(图 3.1E、图 3.1F)。无论是次生加大边还是孔隙充填式的自生石英胶结都会部分甚至完全充填孔隙空间，堵塞喉道，对储层物性造成损害，且自生石英在研究区长 8 储层中广泛发育，因此硅质胶结是破坏储层物性，使储层致密化的重要因素之一。

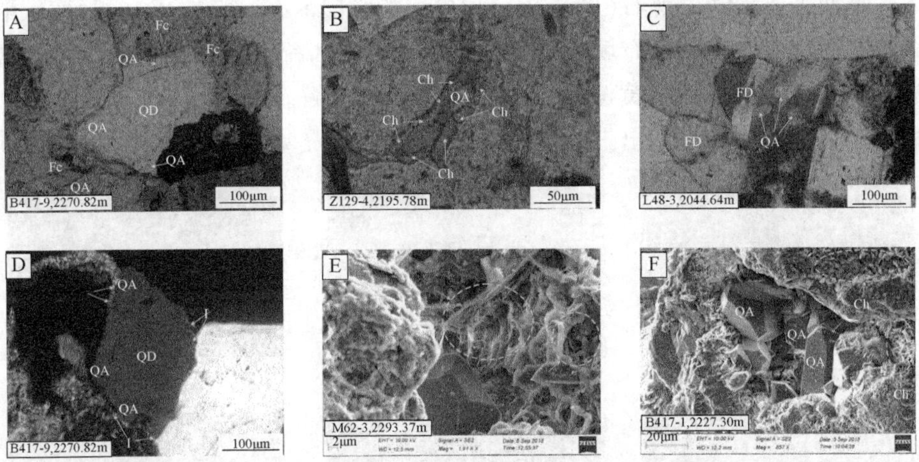

图 3.1　长 8 致密砂岩中硅质胶结物微观特征

A：石英次生加大边与铁方解石占据孔隙空间，单偏光；B：自形石英晶体形成于自生绿泥石膜包覆的粒间孔，单偏光；C：自形石英晶体填充长石溶蚀孔，单偏光；D：石英次生加大与自生伊利石共生并充填孔隙，正交光；E：粒间孔内充填自形石英与丝发状伊/蒙混层，扫描电镜；F：自形石英充填粒间孔，并可见粒表发育自生绿泥石，扫描电镜

QA：自生石英；QD：石英颗粒；Fc：铁方解石；Ch：绿泥石；FD：长石溶蚀孔；I：伊利石

3.1.2 碳酸盐胶结物

这类胶结物在研究区长 8 致密砂岩中非常普遍，是区内最主要的胶结物类

型，成分类型上主要为铁方解石，含铁方解石和铁白云石次之，方解石和白云石含量较少。赋存形式主要以粒间胶结物、交代物或溶蚀孔隙内的填充物形式出现，常见微晶状、晶粒状或连晶状产出，且具有明显的多期次形成特征。根据薄片观察定量统计，研究区碳酸盐胶结物的总含量为 1.96%～31.2%，平均为 5.1%。碳酸盐胶结作用覆盖从沉积埋藏到固结成岩的全过程，不同成岩阶段的碳酸盐胶结物在晶型结构和成分上有较大差异，这主要是由不同成岩阶段中流体–岩石相互作用、成岩流体酸碱度及氧化还原电位等成岩环境参数所控制的。

研究区的碳酸盐胶结物在期次上可以分为早、中、晚三期。早期主要为泥晶方解石(图 3.2A)，成分上主要为方解石和含铁方解石，以泥晶或微晶形式呈孔隙充填物沉积，在研究区分布较少，主要形成于早成岩阶段；中期以含铁方解石和铁方解石为主(图 3.2B)，分布比较普遍，多以自形细晶形式呈斑状、分散状孔隙式胶结物充填在剩余粒间孔中，并强烈交代石英和长石等骨架颗粒。阴极发光显示碳酸盐胶结物总体呈橙黄色(图 3.2C)，即主体为含铁方解石和铁方解石，碎屑颗粒间多呈线性接触，中期碳酸盐胶结物含量较多，是区内碳酸盐胶结物的主体；晚期主要为铁方解石(图 3.2D)和少量的铁白云石(图 3.2E)，晚期碳酸盐胶结物多呈洁净的晶粒状充填在剩余粒间孔、粒间和粒内溶蚀孔中，胶结边缘的局部存在环边和斑状的亮黄橙色，可能为少量的方解石和白云石(图 3.2C)。在扫描电镜下铁方解石呈现出三角面体或菱面体的微晶集合(图 3.2F)。区内碳酸

图 3.2　长 8 致密砂岩中碳酸盐胶结物微观特征

A：早期泥晶方解石，正交光；B：中期含铁方解石，单偏光；C：碳酸盐胶结物主要呈橙黄色，阴极发光；D：晚期铁方解石胶结交代长石和石英颗粒，单偏光；E：晚期铁白云石胶结，单偏光；F：微晶方解石胶结物，扫描电镜

QA：自生石英；QD：石英颗粒；Fc：铁方解石；FD：长石溶蚀孔；An：铁白云石

盐胶结物的形成基本覆盖了整个成岩作用过程，对储层物性的影响也较为复杂，早期胶结可以有效抑制压实作用的进行，烃类充注过程有机酸的注入会溶蚀部分碳酸盐胶结，这些都属于建设性的成岩作用；但居于主体地位的中晚期含铁方解石、铁方解石胶结物会充填剩余粒间孔和粒内溶蚀孔，大幅度地破坏储层物性，使储层致密。因此总体来看，碳酸盐胶结的储层效应还是以破坏物性为主。

3.1.3 自生黏土矿物

研究区自生黏土矿物以绿泥石、伊利石和高岭石为主，各自的含量分别为0.2%~13.8%、0.28%~14.3%、0.04%~2.2%，平均分别为2.5%、3.3%、0.4%。现分别对它们的赋存特征介绍如下：

（1）绿泥石。

自生绿泥石在研究区发育较普遍，在未经油气充注的储层样品中以黄褐色的孔隙薄膜或孔隙衬边形式围绕在碎屑颗粒表面(图3.3A)，也存在部分针叶状绿泥石充填孔隙的情况(图3.3B)；在充注过石油的储层样品中绿泥石包膜吸附了烃类则呈暗色(图3.3C)。扫描电镜下多呈叶片状、针叶状，晶体大小比较均匀(图3.3D)，部分会发生伊利石化形成火焰状伊利石，呈现出片状集合体到火焰状、丝发状的过渡形态(图3.3E)。孔隙衬里或者包膜状是研究区绿泥石最主要的赋存形式，绿泥石环边是定向生长并近于等厚的，通过偏光显微镜可以明显观察出其生长的世代性，显示出在成岩过程中连续生长的发育特征。绿泥石包膜会一定程度地抑制石英次生加大边的生长，但孔隙中仍然会形成自形石英胶结物，甚至其表面也会覆盖绿泥石包膜(图3.3C)，部分自生绿泥石包膜会持续生长使厚度不断增加进而挤占孔隙空间，或在成岩晚期交代石英和长石碎屑颗粒。以孔隙充填形式赋存的绿泥石在研究区发育较少，这种绿泥石填隙会使孔隙空间复杂化和非均质化，极大地降低储层的渗流能力。总体来看，自生绿泥石对储层物性的影响较为复杂，绿泥石包膜的确会一定程度地抑制压实和硅质胶结作用，但也会向孔隙生长和覆盖孔隙中的自形胶结物颗粒表面来侵占孔隙空间，同时绿泥石填隙也会严重损害储层的流通性。绿泥石具体的储层效应会在下文结合其形成过程和机理进一步细致讨论和分析。

（2）伊利石。

自生伊利石在区内长8储层也较为常见，光学显微镜下呈细而薄的鳞片状集合体或网状集合体充填于粒间孔隙中(图3.3F)，或呈鳞片绒毛状包膜覆盖颗粒

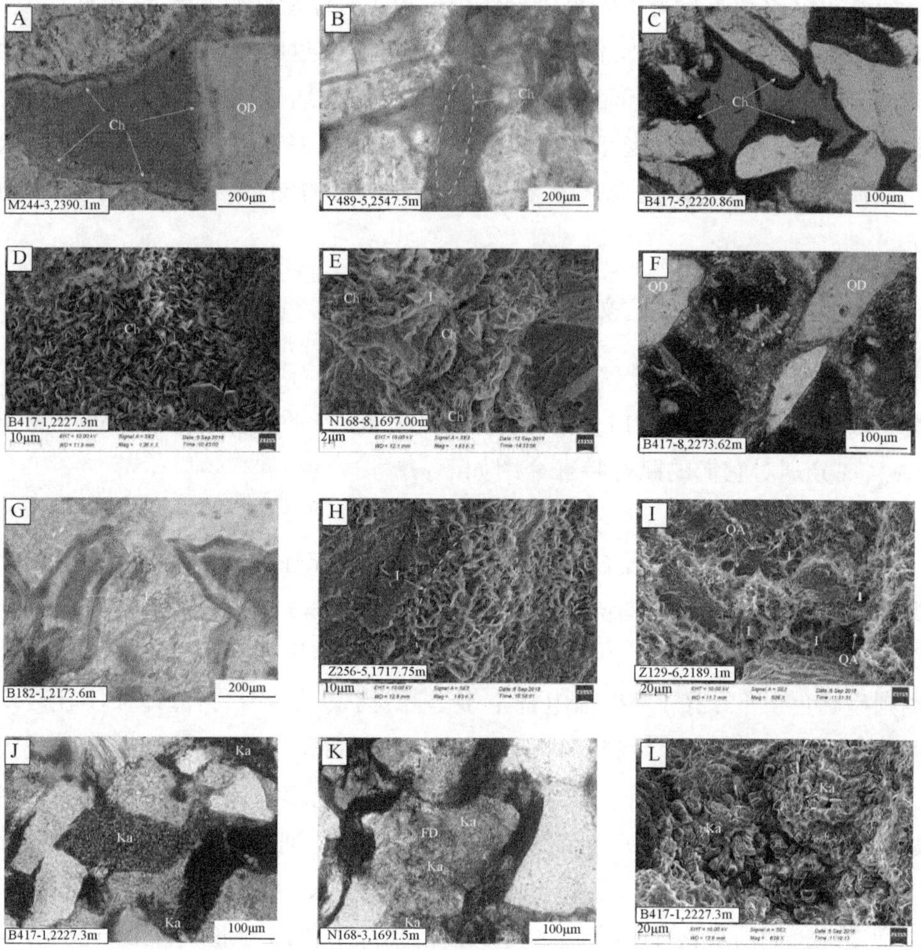

图 3.3　长 8 致密砂岩中黏土矿物微观特征

A：自生绿泥石膜，未吸附有机质，单偏光；B：针叶状绿泥石集合体充填孔隙，单偏光；C：绿泥石膜吸附有机质，单偏光；D：针叶状绿泥石覆盖颗粒，扫描电镜；E：针叶状集合体绿泥石之上覆盖少量伊利石，扫描电镜；F：鳞片状集合体伊利石充填孔隙，正交光；G：厚层绒毛状伊利石覆盖在绿泥石膜之上，侵占孔隙空间，单偏光；H：颗粒表面片状、火焰状伊利石，扫描电镜；I：粒间孔内丝发状、蜂窝状伊利石，与自生石英伴生，扫描电镜；J：粒间孔充填附着有机质的高岭石，单偏光；K：自生高岭石充填于长石溶蚀孔中，单偏光；L：粒间孔内蠕虫状高岭石，扫描电镜

Ch：绿泥石；QD：石英颗粒；I：伊利石；QA：自生石英；Ka：高岭石；FD：长石溶蚀孔

表面并向孔隙中心生长(图 3.3G)，常伴生绿泥石、高岭石、方解石或被方解石交代。扫描电镜下，自生伊利石呈火焰状和枝叶连片状覆盖于石英、长石等颗粒表面(图 3.3H)，或以丝发状、蜂窝状充填于粒间孔和部分长石溶蚀孔内(图 3.3I)，并可见与绿泥石、自生石英伴生。火焰状、丝发状的伊利石在含量上占

据主体地位，可能是由卷曲片状蒙脱石经历伊/蒙混层矿物再向伊利石转化而来。覆盖粒表和充填孔隙的自生伊利石都会挤占孔隙空间、堵塞喉道，使储层的储集性能和渗流能力都遭到破坏，因此从赋存特征上来看，伊利石具有破坏物性的储层效应。

(3) 高岭石。

研究区高岭石含量较低，平均仅0.4%。在显微镜下观察，自生高岭石呈黄褐色附着在长石颗粒表面、充填于长石溶解后的次生孔隙(溶蚀扩大粒间孔)以及充填于粒间孔隙中，附着有机质时为深褐色、棕褐色(图3.3J、图3.3K)。在扫描电镜下呈蠕虫状、书页状分散于孔隙或喉道中(图3.3L)，可见与绿泥石、伊利石等共生。高岭石的形成与骨架颗粒中的长石和含长石的火山岩屑有关，长石成分在酸性环境下发生溶蚀会生成自生高岭石矿物，若未经过流体长距离搬运，生成的高岭石基本会原地赋存于溶蚀孔内，而若经过流体相对远距离的搬运，高岭石则会在碎屑颗粒表面或粒间孔内赋存。高岭石的存在会堵塞孔隙，从而造成储层物性的破坏，但因研究区高岭石含量较低，因此其降低物性的程度也较为有限。

3.2 填隙物空间分布特征及差异性

3.2.1 平面分布特征

结合已有的薄片鉴定报告及笔者对单井上长8样品的薄片观察和鉴定，绘制了盆地范围内长8致密砂岩中绿泥石、伊利石、高岭石以及碳酸盐胶结物的含量分布图(图3.4~图3.7)。绿泥石在全盆都有不同程度的发育，从边部到中心呈现出由强到弱的发育程度，可能与较强的水动力条件、两种水体交汇环境以及原生粒间孔的分布规律有关(图3.4)。盆地伊利石沉淀充填相主要分布在环县、华池、姬塬地区，分布面积上长8_1较长8_2稍大，上述地区的伊利石更为发育可能与其相对靠近物源，早期蒙脱石更为发育，使后期成岩演化过程中更易发生伊利石化有关(图3.5)。高岭石总体发育较少，在长8_1期主要发育在姬塬地区和盆地南部(图3.6A)，长8_2期分布面积较小(图3.6B)。碳酸盐胶结在盆地范围内普遍发育，砂体与泥岩的过渡带含量明显偏高，华庆和陇东地区含量相对较高，同时长8_2整体较长8_1高(图3.7)。

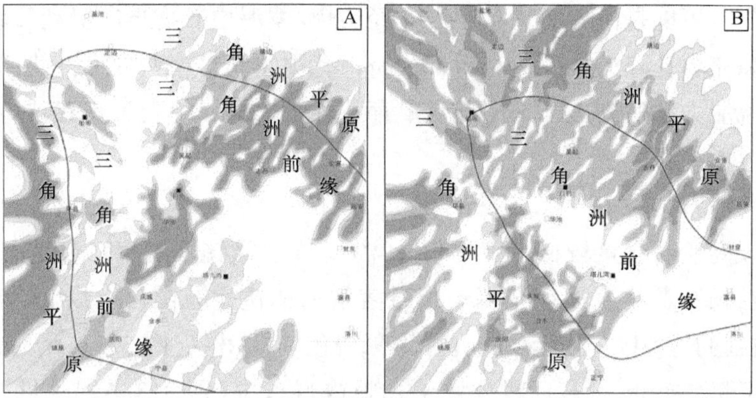

图 3.4　鄂尔多斯盆地长 8 致密砂岩绿泥石平面分布图

A：长 8_1；B：长 8_2

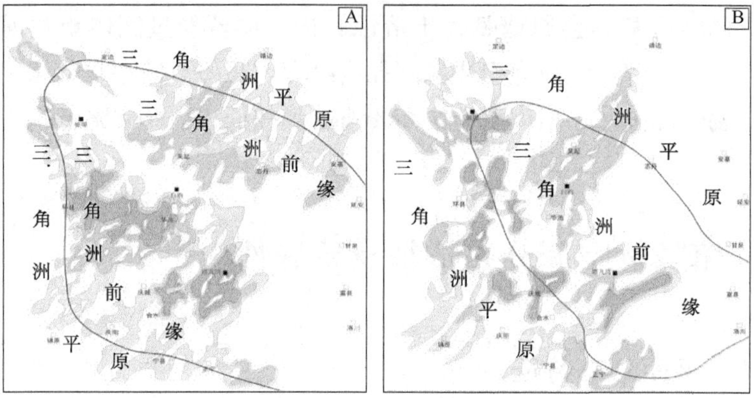

图 3.5　鄂尔多斯盆地长 8 致密砂岩伊利石平面分布图

A：长 8_1；B：长 8_2

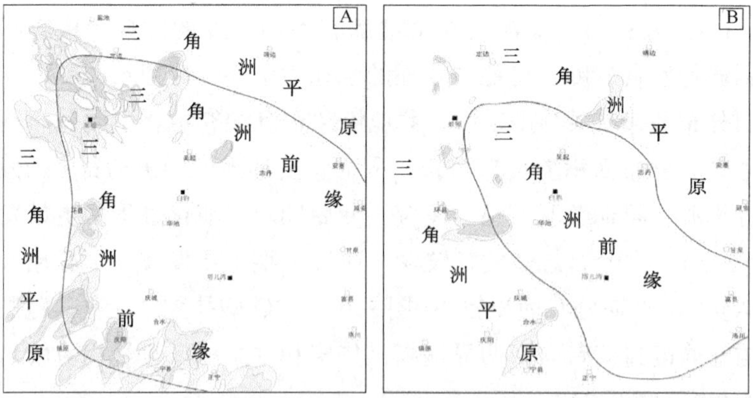

图 3.6　鄂尔多斯盆地长 8 致密砂岩高岭石平面分布图

A：长 8_1；B：长 8_2

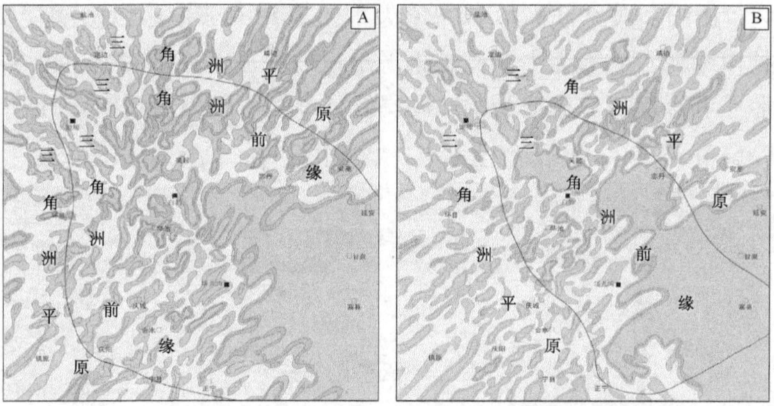

图 3.7　鄂尔多斯盆地长 8 致密砂岩碳酸盐胶结平面分布图

A：长 8_1；B：长 8_2

对研究区长 8 致密砂岩中填隙物含量平面分布的定量统计结果显示：长 8_1 储层中绿泥石含量陕北地区高于其他三个物源区，碳酸盐胶结含量华庆地区和陇东地区相对较高，高岭石姬塬地区含量较高，其他三个物源区含量极少，伊利石和硅质含量四个物源区差别不大(图 3.8A)；长 8_2 储层中绿泥石含量陕北地区高于其他三个物源区，中部含量较少，碳酸盐胶结含量华庆地区和陇东地区、陕北地区相对较高，高岭石四个物源区含量整体较少，伊利石陕北地区含量较少，华庆地区含量较高(图 3.8B)。

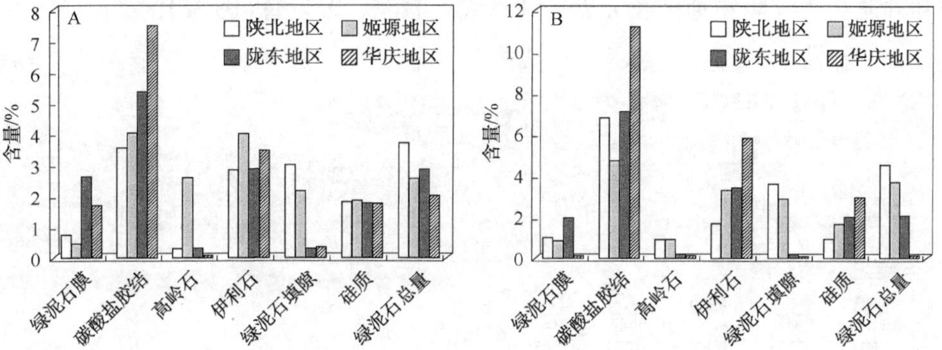

图 3.8　鄂尔多斯盆地长 8 致密砂岩填隙物含量平面对比

A：长 8_1；B：长 8_2

3.2.2　剖面分布特征

盐 273 井-午 59 井长 8 储层砂体与填隙物分布连井剖面为顺西北物源、切西南物源的西北-东南走向的剖面，位于研究区的姬塬与湖盆中心的华庆地区。长

8_1姬塬地区以碳酸盐胶结和高岭石充填为主，湖盆中部地区以碳酸盐胶结为主，白 182 井处以绿泥石充填为主。长 8_2姬塬地区以绿泥石充填为主，湖盆中部地区以碳酸盐胶结和绿泥石、硅质为主，湖岸线处绿泥石较发育(图 3.9)。

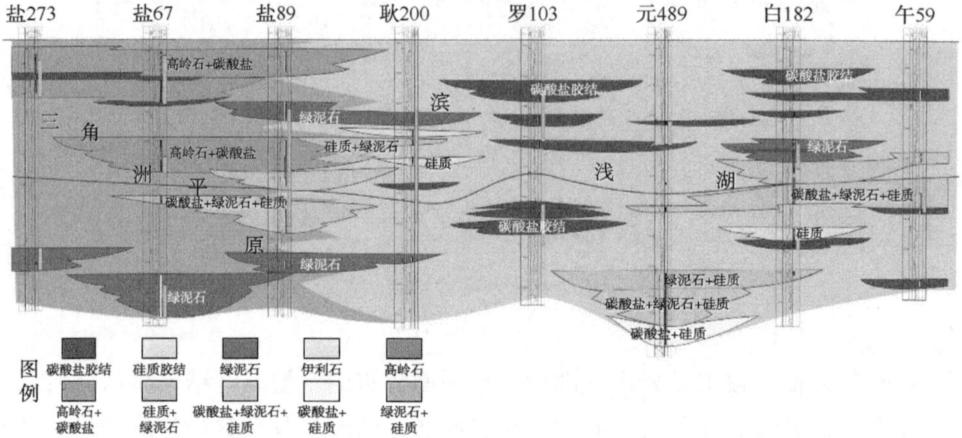

图 3.9　盐 273 井–午 59 井长 8 储层砂体与填隙物分布连井剖面

杨 55 井–宁 168 井长 8 储层砂体与填隙物分布连井剖面为东北–西南方向，顺东北–西南两个物源体系，位于研究区的陕北–陇东一带。长 8_1陕北地区以碳酸盐胶结和伊利石、绿泥石充填为主，陇东地区以碳酸盐胶结为主，发育一定的硅质胶结。长 8_2陕北地区以碳酸盐胶结、绿泥石充填为主，陇东地区以碳酸盐胶结和硅质为主。陇东地区长 8 靠近湖岸线处绿泥石较发育(图 3.10)。

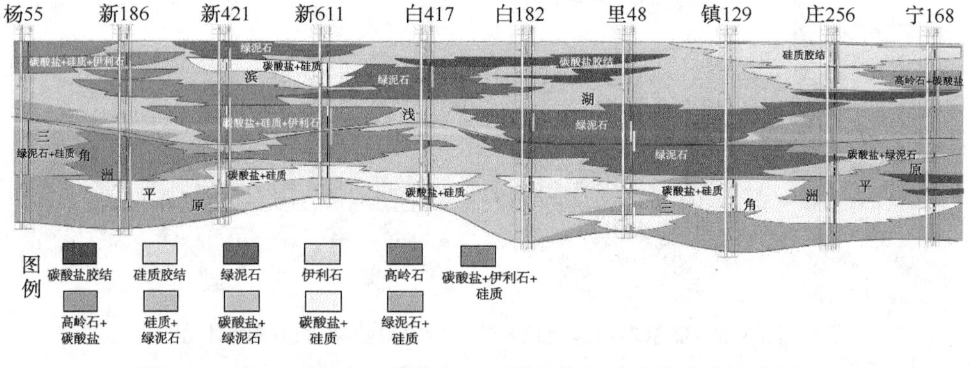

图 3.10　杨 55 井–宁 168 井长 8 储层砂体与填隙物分布连井剖面

安 109 井–木 62 井长 8 储层砂体与填隙物分布连井剖面，位于吴起–环县一线，东北、西南两个物源体系。长 8_1吴起地区以碳酸盐胶结、硅质胶结为主，环县地区以碳酸盐胶结为主，发育一定的硅质胶结和高岭石充填。长 8_2吴起地区–环县地区以绿泥石充填为主，部分位置少量发育绿泥石、碳酸盐胶结(图 3.11)。

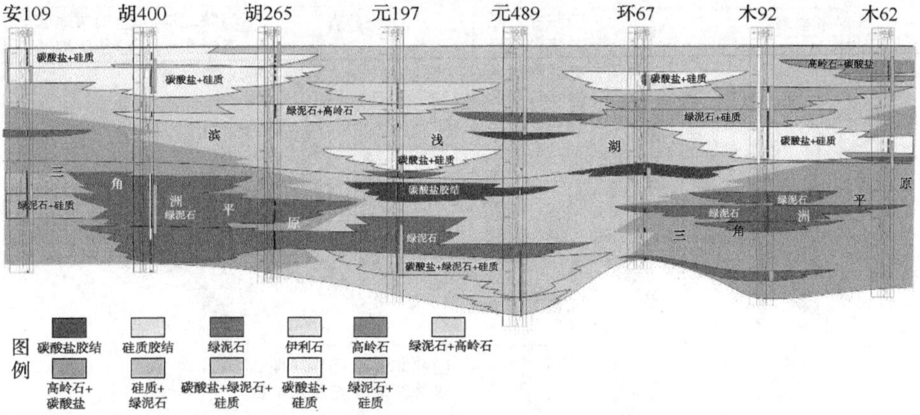

图 3.11　安 109 井-木 62 井长 8 储层砂体与填隙物分布连井剖面

3.3　不同类型填隙物赋存特征及规律

3.3.1　不同粒度砂体填隙物分布差异性

对研究区不同粒度砂体填隙物含量统计显示：长 8_1不同粒度级别砂体中不同物源区的填隙物差异性与长 8_1砂体中填隙物的整体分布基本一致，从粒度分布上看，粒度越细的砂岩储层填隙物含量越高，伊利石主要发育在粉砂岩中，碳酸盐胶结和绿泥石主要发育在细砂岩和粉砂岩内，硅质则主要发育在中砂岩中(图 3.12)。长 8_2同样如此，粒度越细填隙物含量越高，此外碳酸盐胶结、绿泥石以及伊利石主要发育在细砂岩、粉砂岩内，硅质则主要发育在中砂岩中(图 3.13)。

3.3.2　不同孔隙类型填隙物分布差异性

如第 2 章所述，通过薄片鉴定、扫描电镜观察，研究区长 8 致密砂岩储层的主要孔隙类型为原生粒间孔、长石溶蚀孔、岩屑溶蚀孔以及晶间微孔，裂隙不太发育(图 2.5)。通过将单井上的样品进行细致的孔隙类型划分和统计，本书构建了盐 273 井-午 59 井、杨 55 井-宁 168 井和安 109 井-木 62 井三条盆地长 8 砂体储集空间类型的代表连井剖面(图 3.14~图 3.16)。姬塬地区长 8_1以粒内溶蚀孔为主，发育裂缝，湖盆中部地区以粒内溶蚀孔为主，白 182 井处发育粒间孔。垂向上从上到下由粒间孔向溶蚀孔过渡。姬塬地区到湖盆中部长 8_2以粒间孔为主，溶蚀孔少量发育(图 3.14)。陕北地区长 8_1以粒间和粒内溶蚀孔为主，长 8_2主要发育粒内溶蚀孔。湖盆中部到陇东地区长 8_1以粒间孔为主，陇东地区长 8_2在三角洲前缘部位发育大量粒间孔(图 3.15)。吴起地区长 8_1主要发育粒内溶蚀孔，环县地区长 8_1 以粒间和粒内溶蚀孔为主。吴起-环县地区长 8_2主要发育粒间孔(图 3.16)。

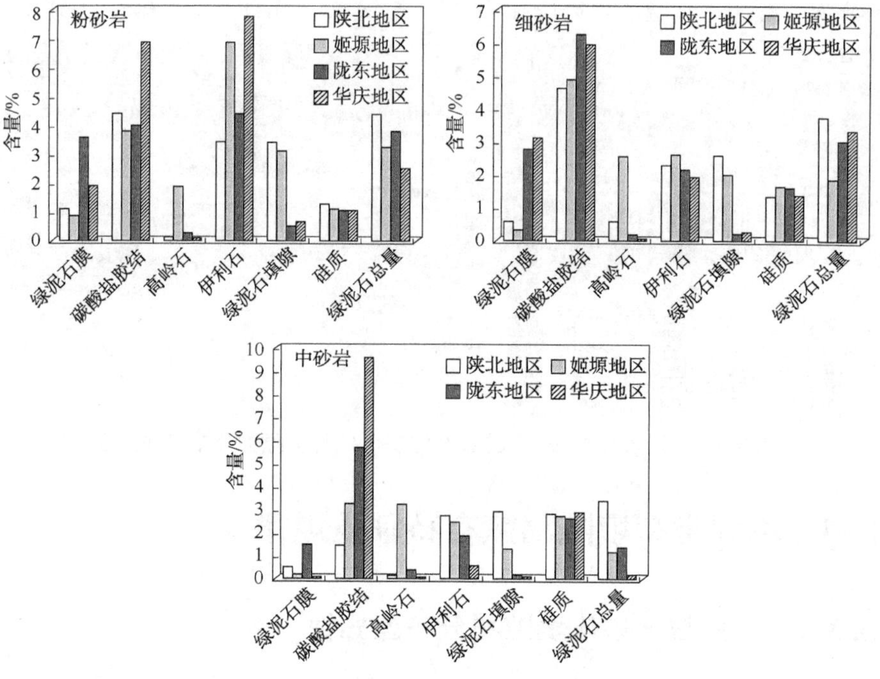

图 3.12　长 8_1 储层不同粒度砂体填隙物含量

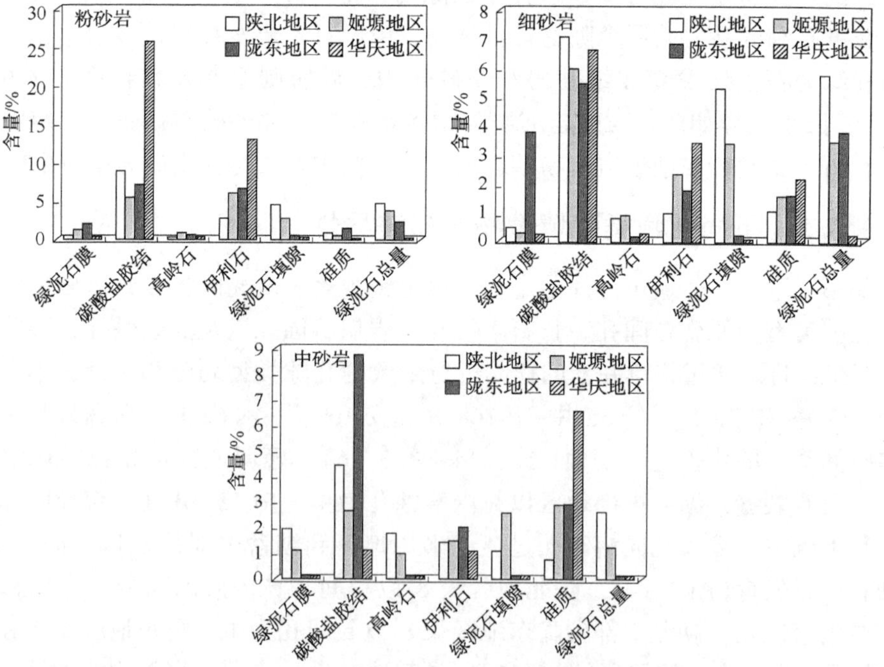

图 3.13　长 8_2 储层不同粒度砂体填隙物含量

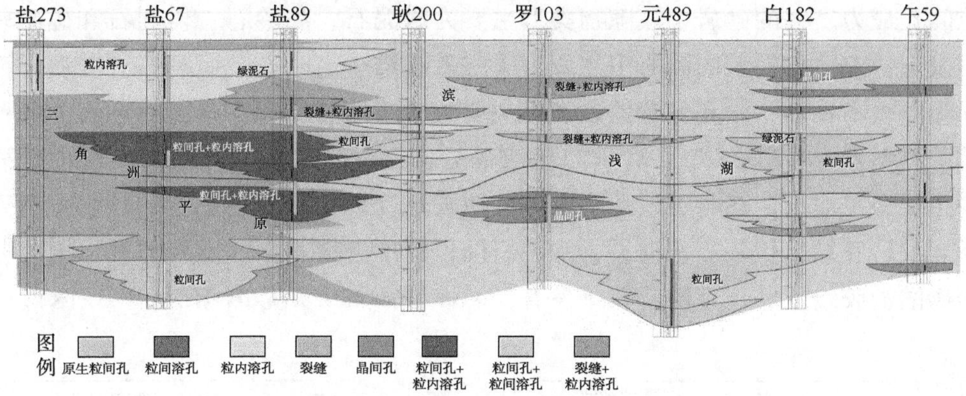

图 3.14　盐 273 井-午 59 井长 8 砂体储集空间类型连井剖面

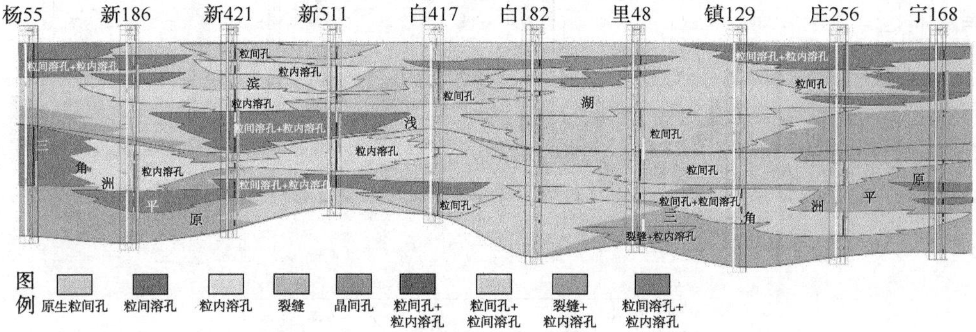

图 3.15　杨 55 井-宁 168 井长 8 砂体储集空间类型连井剖面

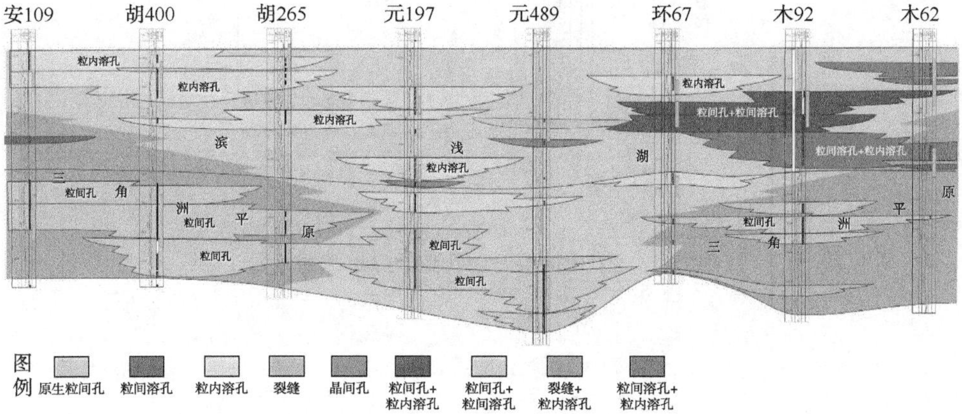

图 3.16　安 109 井-木 62 井长 8 砂体储集空间类型连井剖面

通过对不同孔隙类型致密砂岩中的填隙物类型进行定量统计后发现，长 8_1 粒间孔最为发育的砂岩中填隙物类型主要为绿泥石，高岭石、伊利石和硅质较不发育；溶蚀孔发育的砂岩中主要为碳酸盐胶结、高岭石、伊利石和硅质，而绿泥石较不发育；微孔发育的砂岩中主要为碳酸盐胶结和少量的伊利石，其他填隙物不发育(图 3.17)。对长 8_2 致密砂岩储层而言，粒间孔最为发育的砂岩中主要为绿泥石，高岭石、伊利石和硅质较不发育；溶蚀孔发育的砂岩中主要为碳酸盐胶结、伊利石和硅质，绿泥石同样较不发育；微孔发育的砂岩中主要为碳酸盐胶结，其他填隙物较不发育，总体特征与长 8_1 砂岩相似(图 3.18)。

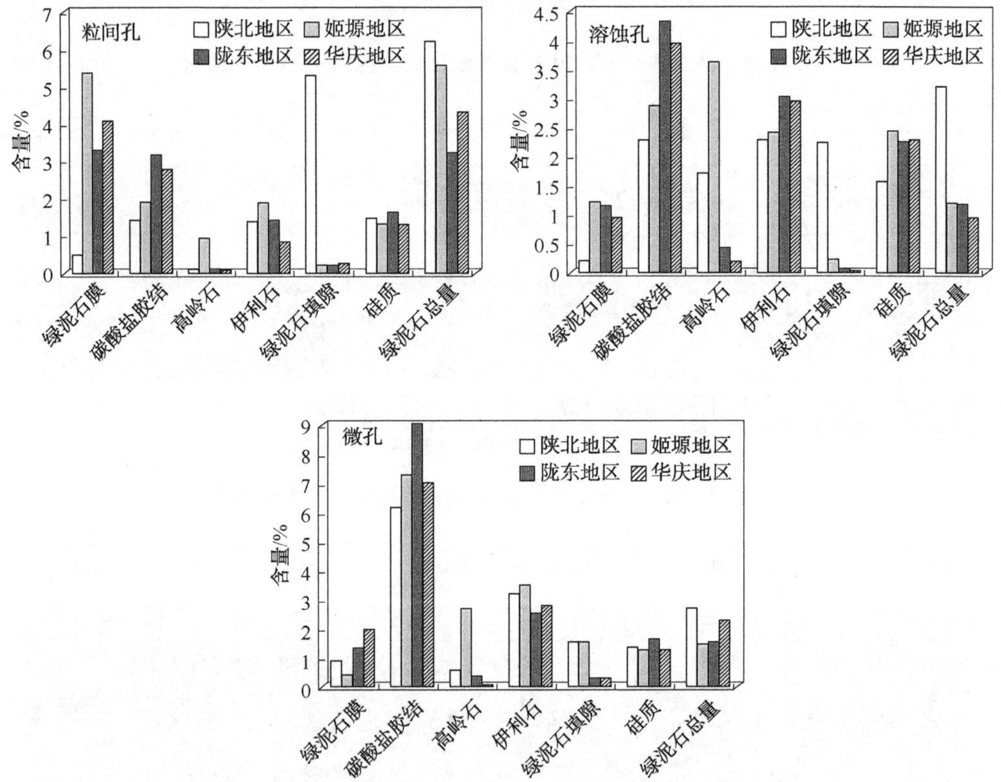

图 3.17　长 8_1 储层不同孔隙类型填隙物含量

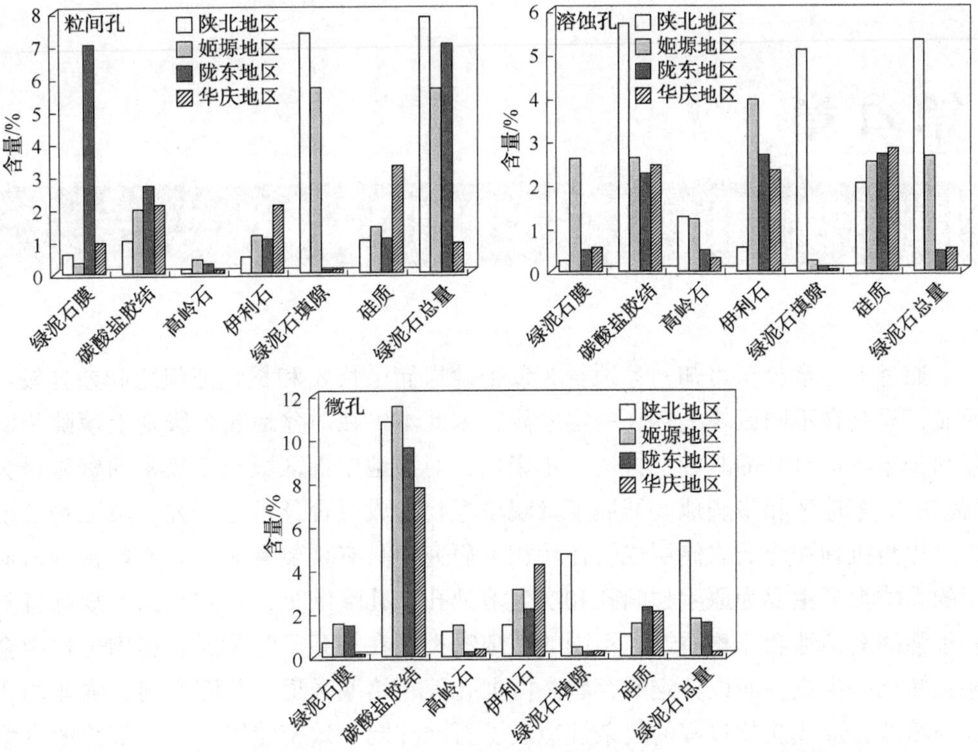

图 3.18　长 8_2 储层不同孔隙类型填隙物含量

第4章 填隙物形成过程及机理分析

通过上一章分析可知，盆地长 8 致密砂岩储层长 8_1和长 8_2亚组之间差异较不明显，只是在不同区块上存在一定差异，因此本书在对盆地宏观级别上填隙物赋存和分布特征研究的基础上，进一步聚焦，对盆地中部区域长 8 致密油资源最为富集的陇东地区和华庆地区开展了微观填隙物形成过程及机理研究。填隙物的形成过程与机理在碎屑岩储层成岩作用相关研究中具有重要意义，长 8 致密砂岩储层的孔隙类型主要为原生粒间孔和次生溶蚀孔，孔喉细小，孔隙空间不规则且具有很强的复杂性和非均质性。不同的填隙物类型在贯穿于整个成岩作用过程中会相互转化或生成，而以特定赋存状态占据孔隙、堵塞喉道。孔隙空间的强非均质性与填隙物形成演化过程的复杂性造成了石油在同一致密储层的不同部位的富集程度明显不同。因此，有必要阐明填隙物的形成过程与机理，并研究其动态演化与油气成藏的耦合关系，本书以填隙物的形成温度作为切入点，将微区分析作为实验手段，对填隙物的形成演化过程开展了微米级别的精细定量化研究。

4.1 填隙物微区测温原理与方法

通过前述研究区填隙物类型及特征可知，硅质胶结物、碳酸盐胶结物、自生黏土矿物中的绿泥石和伊利石在盆地长 8 致密储层填隙物中占比较高，对储层非均质性影响也较强。因此本书拟对这 4 种填隙物进行微区测温实验，来确定它们的生长习性、成岩序列中的精确演化过程及与储层油气充注的先后关系。实验手段除常用的流体包裹体微区测温外，首次在研究区开创性地综合利用激光拉曼光谱、电子探针及经过微钻取样的碳氧同位素分析来获取填隙物的微区温度信息。硅质胶结中的盐水包裹体和烃类包裹体可以反映石英胶结物和不同期次油气充注的温度，是较为传统和常用的成岩作用研究手段(卢焕章等，2004；方欣欣等，2012)。此外，绿泥石、伊利石和碳酸盐胶结的矿物组成、化学成分、结构有序性、结晶度及同位素特征也可以反映它们形成时的物理化学条件，其中黏土矿物的这些特征与埋藏深度和温度之间的关系奠定了其作为地质温度计的基础，并已在塔里木盆地、四川盆地和济阳坳陷等地区得到成功应用(戴朝成等，2017；潘燕宁等，2001；王强，2007；Zhao et al.，2007)。而碳酸盐胶结则可以通过其稳定同位素特征反演沉淀时的地质流体特征并确定其沉淀温度(王琪等，2007；郭宏莉、王大锐，1999)。具体的实验原理与步骤介绍如下。

4.1.1 伊利石激光拉曼光谱微区分析

伊利石是一种常见的地质温度计黏土矿物，因其结晶度对成岩过程中的温度变化具有较强的敏感性，伊利石的结晶度通常使用 X 射线衍射中 1.0nm 衍射峰的半高宽来表示，即 IC 值(Guthrie et al.，1986；Ji and Browne，2000；Maxwell and Hower，1967；Zhao et al.，2007)。然而在利用 X 射线衍射和红外光谱测定伊利石的 IC 值时存在一定的缺陷，如样品制备程序复杂，特征谱分辨率较低，定量计算谱峰面积较难，等等。王强(2007)利用激光拉曼光谱显微分析研究了经过低温加热后的伊利石的拉曼光谱特征，发现在经历从 50℃ 到 200℃ 的加热后，在 3600~3700cm^{-1}波长范围内始终存在三个特征拉曼峰，即 P_1、P_2和 P_3峰，随着温度的升高，P_1峰的峰位置基本不变，峰面积逐渐增大；P_3峰的峰位置向低波数段移动，峰面积则增大；此外 P_3峰和 P_1峰的峰面积之比也逐渐增大(图 4.1)。这些特征表明伊利石的形成温度由其内部的晶体结构所记录，并会显示于拉曼光谱之上，据此，研究者通过对拉曼光谱参数和环境温度进行拟合，得到如下伊利石形成温度的计算公式：

$$T=31115.89-8.41P_3+87.17\ln(S_3/S_1) \tag{4.1}$$

式中，T 为伊利石的形成温度，℃；P_3为 P_3峰的峰位置波长，cm^{-1}；S_3为 P_3峰的峰面积；S_1为 P_1峰的峰面积。

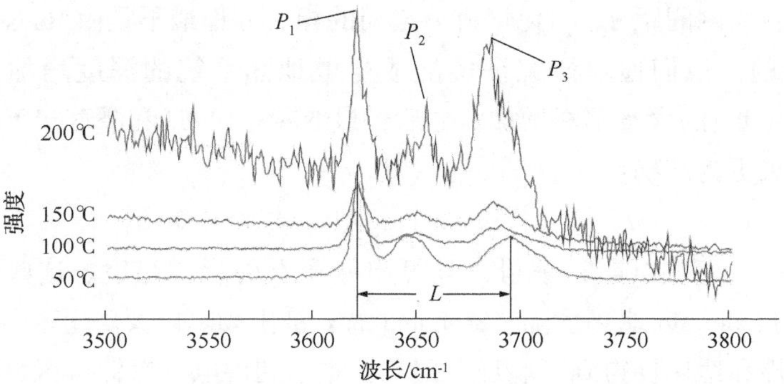

图 4.1 不同温度下伊利石拉曼光谱特征(L 为 50℃时羟基振动带宽)(据王强，2007)

公式(4.1)的相关系数 R^2 达到0.96。本书基于此分析原理对研究区长8致密砂岩储层中的伊利石开展微区定量形成温度测定，实验步骤如下。通过薄片鉴定选取了8个伊利石含量相对较高的样品，首先将样品分别制备成0.08mm厚的双面抛光薄片，并在光学显微镜下对伊利石的赋存位置画小圈标注；其次利用LabRAM HR800型激光拉曼光谱仪对样品进行测试，仪器条件为 Ar^+ 激光源、波长514.53nm、激光功率15MW、激光束斑直径5μm、采集时间30s、扫描范围为3600~3725cm^{-1}，光谱分辨率2cm^{-1}。所有数据的分析均由Labspec4.02软件完成。

4.1.2 绿泥石电子探针微区分析

绿泥石电子探针微区分析的实验流程为：通过薄片鉴定选取了10个自生绿泥石含量相对较高的样品，首先磨制为0.08mm厚的抛光电子探针片，其次进行电子探针微区分析。使用配备了背散射扫描电镜(BSE)观察系统的JXA-8230(JEOL)型电子探针来进行测定，仪器条件为加速电压15kV、电流20nA、束斑直径1μm。电子探针主量元素和微量元素的分析精度分别小于1%(wt)和小于3%(wt)，此外，所有元素数据都使用了如下的天然标准物质进行校准：K、Al、Fe——黑云母；Na、Si——硬玉；Cr——铬铅矿；Mn——蔷薇辉石；Mg——绿泥石；Ti——金红石。

绿泥石的晶体结构和化学组成可以记录其形成过程中的物理和化学变化，许多学者以绿泥石的化学组成作为切入点，研究绿泥石的形成温度，并建立了许多经验方程(Battaglia，1999；Cathelineau，1988；Cathelineau and Nieva，1985；Hayes，1970)，其中Battaglia(1999)根据X射线衍射数据讨论了绿泥石面网间距 d_{001} 和形成温度之间的相关性，并提出了如下相关系数达0.95的线性方程：

$$T(℃)=(14.379-d_{001}/0.1)\times1000 \tag{4.2}$$

而绿泥石面网间距 d_{001} 与化学成分之间的相关方程最早是由Rausell-Colom等(1991)提出的，他们通过研究证实随成岩或地热系统的深度增加，绿泥石中Al(Ⅳ)和Fe(Ⅱ)的含量不断增加，之后经过Nieto(1997)和潘燕宁等(2001)的修改，计算结果更为准确：

$$d_{001}=14.339-0.1155\text{Al}^{\text{Ⅳ}}-0.0201\text{Fe}^{2+} \tag{4.3}$$

根据式(4.2)和式(4.3)就可以计算出绿泥石的形成温度。这些经验公式被成功应用于Larderello地热系统、St. Lucia岛、济阳坳陷以及塔里木盆地，使这一方法的可靠性和适用性得到了验证。因此，本书利用电子探针微区分析手段对研究区长8致密砂岩中的自生绿泥石开展微区化学成分测定和形貌学观察，并通过式(4.2)和式(4.3)来计算其形成温度。

4.1.3 碳酸盐胶结碳氧同位素分析

以往成岩作用相关研究通常将碳酸盐胶结含量相对较高的样品直接粉碎上机测定碳氧同位素值，这样的实验流程会导致同位素实验结果受到岩石骨架颗粒和不同期次碳酸盐胶结的混杂干扰，而无法准确反映某一期次碳酸盐胶结的真实同位素值。针对这一问题，本书碳酸盐胶结碳氧同位素的实验步骤如下：将 25 个通过薄片鉴定筛选出的碳酸盐胶结含量相对较高的样品重新钻取直径 2.5cm、长度 5cm 的小岩心，使用甲醇和二氯甲烷(93∶7)在索氏抽提器中进行洗油。然后从小岩心样品的一侧平面先磨制一张 0.3mm 厚的被铁氰化钾-茜素红 S 混合液染色的电子探针片，再紧邻磨制面连续磨制另一张 0.04mm 厚的一半被铁氰化钾-茜素红 S 混合液染色的铸体阴极发光薄片，其中 0.04mm 厚的薄片通过光学显微镜和阴极发光显微镜观察不同期次碳酸盐胶结物的特征和含量。0.3mm 厚的薄片通过微钻取样仪观察碳酸盐胶结的染色情况并钻取相同颜色即相同期次的碳酸盐胶结，以期在微区级别上对同一期次的碳酸盐胶结物碳氧同位素值进行测定，并将钻取到的粉末样品收集至 1.5mL 的试剂瓶中，微钻取样仪的钻头直径为 0.2mm，染色剂对后续的碳氧同位素测定也没有影响(Schöne et al., 2017)。最后，利用 Thermo-Fisher Delta V-Gasbench 同位素质谱仪测定碳酸盐胶结物粉末样品的碳氧同位素值，其分析精度小于 0.5‰。具体的同位素实验流程遵循 Moriya 等(2012)的方法。所有同位素数据均使用包括 NBS-18、GBW04405 以及 GBW04406 标准样品校准，同时同位素比值以 PDB 标准的千分率偏差表示。

通过氧同位素值来计算碳酸盐胶结的沉淀温度在成岩作用相关研究中得到了广泛的应用。其原理是成岩流体中的氧同位素与温度高度相关，碳酸盐矿物在沉淀时会与成岩流体交换氧同位素达到平衡。基于此，大量研究者提出碳酸盐矿物沉淀温度的估计模型，其中由 Shackleton(1974)提出的计算公式适用范围最广(0~500℃)，见式(4.4)。

$$T=16.9-4.38(\delta_c-\delta_w)+0.1(\delta_c-\delta_w)^2 \tag{4.4}$$

式中，T 是碳酸盐胶结的沉淀温度，℃；δ_c是样品的氧同位素值，‰(PDB)；δ_w是成岩流体的氧同位素值，‰(SMOW)。

本书采用式(4.4)来计算碳酸盐胶结的形成温度，长 8 沉积时期研究区的古环境是大陆湖泊环境，成岩流体的氧同位素值基本等于大气淡水与微咸水混合物的氧同位素值，即-7‰(SMOW)，故δ_w值取-7‰(SMOW)。

4.1.4 硅质胶结流体包裹体微区分析

本书采用配备了 Linkam THMSG 600 型冷热台的偏光显微镜对 9 个硅质含量

相对较高的样品开展了流体包裹体分析和微区温度测量，样品被磨制成 0. 08mm 厚的双面抛光薄片。控制相变的加热/冷却温度范围为-180~500℃，测量均一温度的升温速率为 5℃/min，测量精度为±1℃。

4.2 填隙物形成温度测定结果

4.2.1 伊利石形成温度

本书选取了研究区的 8 个样品进行激光拉曼光谱微区分析，样品的薄片鉴定填隙物含量见表 4. 1，待测样品的伊利石含量为 2%~10%，赋存形态主要为粒间丝发状、片状、蜂窝状以及粒表丝发状。最终的实验结果见表 4. 2。研究区长 8 致密砂岩储层中的伊利石形成温度为 71. 41~157. 08℃，平均为 115. 17℃，据《碎屑岩成岩阶段划分》(SY/T 5477—2003)，伊利石形成阶段属于早成岩 B-中成岩 B 期(表 4. 2)(应凤祥、何东博、龙玉梅，2003)。从温度频率分布图来看，伊利石形成温度主要集中于 90~140℃(图 4. 2)。

表 4. 1　激光拉曼光谱微区分析样品薄片鉴定填隙物含量

样品号	层位	深度/m	硅质/%	方解石/%	绿泥石膜/%	绿泥石填隙/%	高岭石/%	伊利石/%
B417-8	长 8_2	2273. 62	3	0	0. 6	0. 1	0	10
B417-9	长 8_2	2270. 80	0. 1	2	0. 4	0	0	2
H67-6	长 8_1	2512. 65	0. 5	5	1	0	0. 1	2. 5
L99-8	长 8_1	2285. 80	2. 5	0. 4	2. 3	0. 5	0. 3	8
M92-5	长 8_1	2605. 04	0. 2	6. 5	8	0	0	4
Y489-1	长 8_2	2557. 41	1. 5	0. 3	4	0	0. 5	5
Z129-8	长 8_2	2226. 05	0. 2	2	2	0. 8	0	2
Z256-1	长 8_2	1771. 70	3	2	1	0	0	10

表 4. 2　伊利石激光拉曼光谱实验结果

样品号	测温点号	S_1	S_3	P_3/cm^{-1}	T/℃	样品号	测温点号	S_1	S_3	P_3/cm^{-1}	T/℃
B417-8	B417-8-01	198. 46	221. 56	3687. 03	117. 56	B417-9	B417-9-01	600. 66	678. 98	3683. 62	147. 33
	B417-8-02	425. 26	441. 86	3683. 34	142. 34		B417-9-02	143. 31	189. 28	3684. 90	150. 13
	B417-8-03	195. 21	221. 44	3687. 81	112. 40		B417-9-03	914. 98	1011. 94	3685. 40	130. 46
	B417-8-04	199. 21	244. 79	3685. 40	139. 64		B417-9-04	1023. 21	1202. 50	3685. 82	132. 22
	B417-8-05	81. 86	100. 28	3687. 24	123. 89		B417-9-05	594. 04	667. 36	3686. 03	126. 52
	B417-8-06	53. 63	79. 51	3688. 16	132. 79		B417-9-06	888. 05	1020. 40	3682. 63	157. 08
	B417-8-07	223. 43	286. 68	3687. 17	128. 52		B417-9-07	621. 74	726. 64	3686. 60	125. 17
	B417-8-08	186. 07	238. 98	3686. 74	132. 22						

续表

样品号	测温点号	S_1	S_3	P_3/cm^{-1}	T/℃	样品号	测温点号	S_1	S_3	P_3/cm^{-1}	T/℃
H67-6	H67-6-01	724.274	835.276	3688.72	106.18	L99-8	L99-8-01	110.463	142.708	3691.2	95.22
	H67-6-02	236.417	424.528	3693.47	104.83		L99-8-02	53.9377	68.3632	3692.55	82.20
	H67-6-03	282.452	364.174	3693.47	75.96		L99-8-03	327.325	400.568	3693.47	71.41
	H67-6-04	1000.91	1216.99	3689.43	104.82		L99-8-04	131.507	170.889	3690.64	100.44
	H67-6-05	1412.51	1562.75	3688.51	104.33		L99-8-05	94.4292	135.903	3693.97	81.34
	H67-6-06	245.349	340.019	3693.19	84.61		L99-8-06	288.181	374.653	3693.62	75.42
	H67-6-07	1208.93	845.24	3684.58	97.38		L99-8-07	387.767	489.208	3690.21	101.48
							L99-8-08	1113.61	1025.96	3689.82	77.36
M92-5	M92-5-01	49.0986	81.7528	3694.68	88.08	Y489-1	Y489-1-01	205.85	222.66	3686.60	118.43
	M92-5-02	88.7136	111.301	3691.2	92.67		Y489-1-02	113.45	152.99	3687.17	132.85
	M92-5-03	218.568	344.231	3692.98	97.52		Y489-1-03	198.99	233.64	3687.95	114.22
	M92-5-04	127.08	147.964	3689.43	101.05		Y489-1-04	122.55	157.86	3685.82	140.22
	M92-5-05	1080.33	964.46	3686.44	103.04		Y489-1-05	1339.32	1365.39	3684.07	134.54
	M92-5-06	265.155	315.795	3690.64	92.84		Y489-1-06	1642.96	1756.6	3689.01	97.15
	M92-5-07	361.064	363.964	3688.09	99.75		Y489-1-07	829.938	1008.66	3688.93	108.99
Z129-8	Z129-8-01	557.16	634.74	3687.03	119.33	Z256-1	Z256-1-01	125.65	134.73	3685.96	123.05
	Z129-8-02	819.28	836.40	3686.39	115.15		Z256-1-02	161.33	173.81	3685.54	126.99
	Z129-8-03	681.30	712.29	3683.20	144.06		Z256-1-03	74.48	87.74	3685.61	134.19
	Z129-8-04	1053.90	874.34	3683.14	124.40		Z256-1-04	165.52	195.12	3684.62	142.57
	Z129-8-05	200.312	274.241	3690.64	104.99		Z256-1-05	288.89	315.05	3684.69	135.20
	Z129-8-06	299.724	387.603	3690.57	100.61		Z256-1-06	49.17	63.91	3684.62	151.09
							Z256-1-07	254.53	330.25	3684.54	151.61
							Z256-1-08	722.91	778.46	3685.47	127.54
							Z256-1-09	183.11	213.48	3688.16	111.84

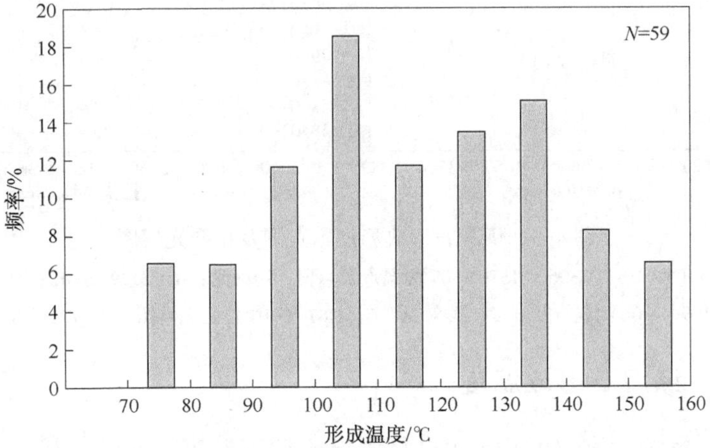

图 4.2　长 8 储层伊利石形成温度频率分布图

图 4.3 为样品在激光拉曼光谱仪镜下的测温点与温度、测温点拉曼光谱示意图。通过激光拉曼光谱仪可以真正实现伊利石的微区原位分析，但是由于激光拉曼光谱仪的观察系统仍然为传统的光学显微镜，最大放大倍数为 500 倍，且样品的包裹体薄片厚度较厚，使得对伊利石待测区域的观察相对不便利，故无法针对不同赋存状态或部位的自生伊利石开展更为细致的测温分析。而从测温点对应的拉曼光谱图来看，尽管存在一些底噪干扰，但在实验原理部分提及的伊利石特征峰 P_1、P_2、P_3峰清晰可见（图 4.3C、图 4.3D），对应波长也为伊利石特征波长值，因此可以说该实验原理具有可行性，实验结果也是可信的。同时因为在测试过程中是随机选取伊利石测试点，且测试点数量相对较多，因此测温结果本身具有一定的统计学意义，可作为不同成岩阶段形成的自生伊利石含量的划分依据，也可以为后续储层成岩作用定量研究提供定量数据参考。

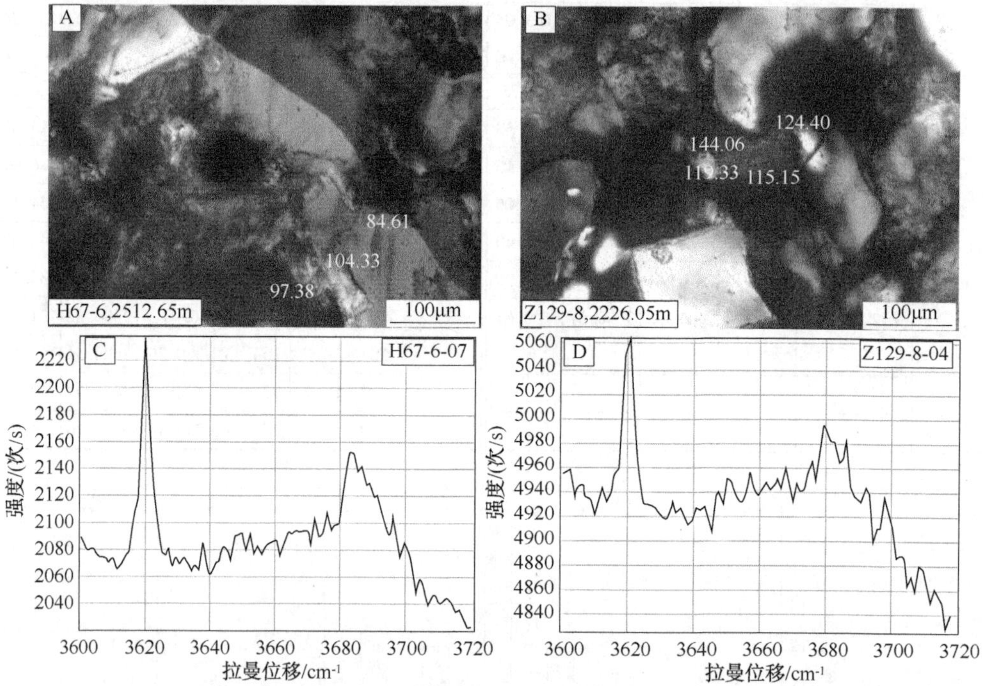

图 4.3　伊利石形成温度示意图及拉曼光谱图

A：H67-6-05、H67-6-06、H67-6-07 测温点及温度，透射光；B：Z129-8-01、Z129-8-02、Z129-8-03、Z129-8-04 测温点及温度，透射光；C：H67-6-07 拉曼光谱图；D：Z129-8-04 拉曼光谱图

4.2.2　绿泥石形成温度

本书最终对研究区 10 个样品进行了电子探针分析，样品的薄片鉴定填隙物含量见表 4.3，自生绿泥石膜含量为 5%～13%，绿泥石填隙含量为 0～1%，绿泥

石总体以颗粒包膜形式产出，占据孔隙空间的填充型绿泥石填隙发育较少。实验共测得 62 个数据点，自生绿泥石化学成分主要为 SiO_2、Al_2O_3、FeO 和 MgO，Fe/(Fe+Mg)值为 0.52~0.93，平均为 0.68，该值可以指示绿泥石成分来源，会在下文进行细致讨论。从最终的计算形成温度来看，研究区长 8 致密砂岩中的自生绿泥石形成温度为 35.53~158.82℃，平均为 106.81℃(表 4.4)，绿泥石形成阶段覆盖早成岩 A-中成岩 B 期，形成温度分布较广，在形成温度频率分布图上更体现出这种特征，自生绿泥石的形成温度在 30~160℃的区间内均有分布，主要集中在 100~140℃的范围，并在 40~50℃和 70~80℃有两个小高峰，但总体具有连续生长的特征(图 4.4)。

表 4.3　电子探针微区分析样品薄片鉴定填隙物含量

样品号	层位	深度/m	硅质/%	方解石/%	绿泥石膜/%	绿泥石填隙/%	高岭石/%	伊利石/%
B182-4	长 8_1	2171.40	0.4	0.3	8	1	0	0.5
B417-7	长 8_2	2276.65	3	1	13	0	0.1	1
H67-3	长 8_1	2522.20	0.7	8	7	0.3	0	0.8
L48-3	长 8_1	2044.64	3	2	8	0	0.2	2
L99-6	长 8_1	2276.50	2	0.3	6	0.3	0	2
M62-1	长 8_1	2298.65	0.2	6.5	8	0	0	4
N168-5	长 8_1	1690.13	0.2	0.2	5	0.9	0.4	1
Y489-2	长 8_2	2554.46	5	7	8	0	0.8	1.4
Y489-3	长 8_2	2551.76	2.5	8	7	1	0	0.2
Z256-4	长 8_2	1755.40	1	9	10	0.5	0.4	1

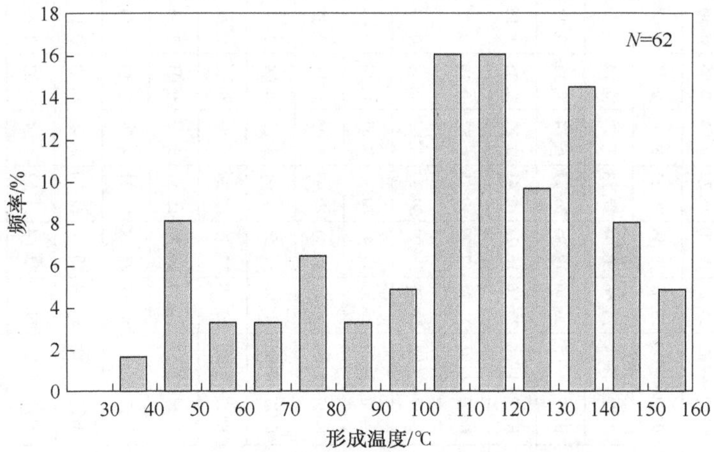

图 4.4　长 8 储层绿泥石形成温度频率分布图

表 4.4　绿泥石电子探针实验结果

样品号	测温点号	SiO_2	Al_2O_3	FeO	MgO	Na_2O	K_2O	TiO_2	MnO	Cr_2O_3	总计	Si	Al^{IV}	Al^{VI}	Fe^{2+}	Mg	Na	K	Ti	Mn	Cr	Fe/(Fe+Mg)	d_{001}/nm	T/℃
B182-4	B182-4-01	28.52	20.68	25.85	8.35	0.09	0.12	0.00	0.19	0.07	83.87	3.12	0.88	1.78	2.36	1.36	0.02	0.02	0.00	0.02	0.01	0.63	14.19	149.44
	B182-4-02	26.20	19.40	25.32	4.81	0.65	0.50	0.00	0.58	0.08	77.53	3.15	0.85	1.89	2.54	0.86	0.15	0.08	0.00	0.06	0.01	0.75	14.19	149.70
	B182-4-03	25.63	19.59	24.51	5.74	0.04	0.67	0.00	0.20	0.10	76.47	3.10	0.90	1.90	2.48	1.03	0.01	0.10	0.00	0.02	0.01	0.71	14.19	153.64
	B182-4-04	26.66	20.97	27.53	1.47	0.12	0.16	0.00	0.20	0.09	77.20	3.21	0.79	2.20	2.78	0.26	0.03	0.02	0.00	0.02	0.01	0.91	14.19	146.53
	B182-4-05	26.16	19.95	26.17	6.14	0.15	0.08	0.02	0.16	0.21	79.04	3.07	0.93	1.83	2.57	1.07	0.03	0.01	0.00	0.02	0.02	0.71	14.18	158.82
	B182-4-06	23.86	16.28	16.41	6.11	0.25	1.16	0.03	0.39	0.02	64.50	3.32	0.68	1.98	1.91	1.27	0.07	0.21	0.00	0.05	0.00	0.60	14.22	117.20
B417-7	B417-7-01	24.74	17.17	19.85	6.87	0.19	0.45	0.00	0.36	0.03	69.67	3.22	0.78	1.86	2.16	1.33	0.05	0.07	0.00	0.04	0.00	0.62	14.21	133.30
	B417-7-02	24.38	17.04	20.33	6.66	0.33	0.13	0.00	0.36	0.02	69.25	3.20	0.80	1.84	2.23	1.30	0.08	0.02	0.00	0.04	0.00	0.63	14.20	136.86
	B417-7-03	25.59	17.41	20.28	7.37	0.19	0.44	0.00	0.30	0.05	71.62	3.24	0.76	1.83	2.15	1.39	0.05	0.07	0.00	0.03	0.00	0.61	14.21	131.28
	B417-7-04	25.15	15.41	20.93	6.95	0.11	0.35	0.00	0.41	0.03	69.34	3.32	0.68	1.71	2.31	1.37	0.03	0.06	0.00	0.05	0.00	0.63	14.21	125.25
	B417-7-05	30.98	17.56	17.01	5.05	0.04	2.46	0.00	0.31	0.05	73.45	3.72	0.28	2.20	1.71	0.90	0.01	0.38	0.00	0.03	0.00	0.65	14.27	66.97
	B417-7-06	29.88	17.18	16.24	5.52	0.06	2.38	0.00	0.29	0.02	71.57	3.68	0.32	2.17	1.67	1.01	0.02	0.37	0.00	0.03	0.00	0.62	14.27	70.92
	B417-7-07	29.15	16.56	15.57	5.16	0.05	2.66	0.00	0.29	1.82	71.26	3.63	0.37	2.06	1.62	0.96	0.01	0.42	0.00	0.03	0.18	0.63	14.26	75.36
H67-3	H67-3-01	40.17	27.14	14.71	4.59	0.13	3.54	0.02	0.11	0.03	90.43	3.75	0.25	2.74	1.15	0.64	0.02	0.42	0.00	0.01	0.00	0.64	14.29	52.01
	H67-3-02	30.94	19.26	25.16	3.86	0.02	0.11	0.01	0.27	0.1	79.73	3.52	0.48	2.10	2.39	0.65	0.00	0.02	0.00	0.03	0.01	0.79	14.24	103.85
	H67-3-03	29.77	22.64	21.52	4.54	0.02	0.99	0.00	0.21	0.05	79.74	3.33	0.67	2.31	2.01	0.76	0.00	0.14	0.00	0.02	0.00	0.73	14.22	118.01
	H67-3-04	31.64	20.02	24.45	5.77	0.14	0.09	0.02	0.29	0.16	82.56	3.45	0.55	2.02	2.23	0.94	0.03	0.01	0.00	0.03	0.01	0.70	14.23	108.21
	H67-3-05	29.62	22.17	18.28	5.62	0.08	1.24	0.02	0.19	0.04	77.26	3.37	0.63	2.34	1.74	0.95	0.02	0.18	0.00	0.02	0.00	0.65	14.23	108.13
	H67-3-06	30.04	21.75	21.83	1.93	0.05	0.75	0.00	0.21	0.23	76.78	3.49	0.51	2.46	2.12	0.33	0.01	0.11	0.00	0.02	0.02	0.86	14.24	101.97

续表

样品号	测温点号	SiO_2	Al_2O_3	FeO	MgO	Na_2O	K_2O	TiO_2	MnO	Cr_2O_3	总计	Si	Al^{IV}	Al^{VI}	Fe^{2+}	Mg	Na	K	Ti	Mn	Cr	Fe/(Fe+Mg)	d_{001}/nm	T/℃
L48-3	L48-3-01	31.03	17.73	25.74	5.85	0.29	0.18	0.05	0.13	0.10	81.10	3.49	0.51	1.85	2.42	0.98	0.06	0.03	0.00	0.01	0.01	0.71	14.23	107.18
	L48-3-02	26.48	19.5	24.16	8.85	0.06	0.10	0.00	0.18	0.09	79.4	3.06	0.94	1.71	2.33	1.52	0.01	0.01	0.00	0.02	0.01	0.61	14.18	155.58
	L48-3-03	25.10	16.47	18.39	6.92	0.09	0.83	0.02	0.44	0.07	68.33	3.31	0.69	1.87	2.03	1.36	0.02	0.14	0.00	0.05	0.01	0.60	14.22	120.35
	L48-3-04	24.12	15.68	19.88	4.51	0.49	1.04	0.03	0.09	0.07	65.91	3.35	0.65	1.93	2.31	0.94	0.13	0.18	0.00	0.01	0.01	0.71	14.22	121.03
	L48-3-05	29.48	20.61	22.30	6.46	0.03	1.29	0.03	0.45	0.12	80.77	3.30	0.70	2.02	2.09	1.08	0.01	0.18	0.00	0.04	0.01	0.66	14.22	122.86
	L48-3-06	27.00	17.37	19.02	7.19	0.09	0.95	0.01	0.43	0.02	72.07	3.36	0.64	1.91	1.98	1.33	0.02	0.15	0.00	0.04	0.00	0.60	14.23	113.46
L99-6	L99-6-01	30.52	18.97	22.10	6.28	1.29	0.04	0.04	0.05	0.04	79.33	3.45	0.55	1.98	2.09	1.06	0.28	0.01	0.00	0.00	0.00	0.66	14.23	105.49
	L99-6-02	27.80	17.69	21.05	7.41	0.13	0.04	0.04	0.40	0.10	74.65	3.35	0.65	1.86	2.12	1.33	0.03	0.01	0.00	0.04	0.01	0.61	14.22	117.70
	L99-6-03	32.66	19.64	21.18	7.97	0.29	1.90	0.00	0.42	0.06	84.13	3.48	0.52	1.94	1.88	1.26	0.06	0.26	0.00	0.04	0.01	0.60	14.24	98.50
	L99-6-04	26.14	16.15	19.22	6.37	0.55	0.11	0.01	0.37	0.07	68.99	3.41	0.59	1.89	2.09	1.24	0.14	0.02	0.00	0.04	0.01	0.63	14.23	110.55
	L99-6-05	31.85	15.43	15.66	3.25	2.82	0.20	0.03	0.29	0.04	69.58	3.98	0.02	2.25	1.64	0.60	0.68	0.03	0.00	0.03	0.00	0.73	14.30	35.53
M62-1	M62-1-01	31.95	16.94	14.68	4.85	1.14	2.11	0.07	0.00	0.05	71.78	3.86	0.14	2.27	1.48	0.87	0.27	0.32	0.01	0.00	0.00	0.63	14.29	46.21
	M62-1-02	30.26	18.31	16.16	5.40	0.47	1.42	0.01	0.01	0.08	72.11	3.65	0.35	2.26	1.63	0.97	0.11	0.22	0.00	0.00	0.01	0.63	14.27	72.69
	M62-1-03	31.44	21.83	25.09	4.49	0.53	0.79	0.00	0.02	0.33	84.53	3.37	0.63	2.13	2.25	0.72	0.11	0.11	0.00	0.00	0.03	0.76	14.22	117.91
	M62-1-04	25.01	14.70	18.10	6.01	0.91	0.17	0.00	0.40	0.02	65.31	3.45	0.55	1.84	2.09	1.24	0.24	0.03	0.00	0.05	0.00	0.63	14.23	105.32
	M62-1-05	27.25	17.28	13.21	4.50	0.04	2.12	0.01	0.32	0.07	64.79	3.32	0.68	1.79	1.34	0.82	0.01	0.33	0.00	0.03	0.86	0.62	14.23	105.92
	M62-1-06	23.55	14.87	16.07	5.50	0.67	0.59	0.01	0.40	0.01	61.66	3.42	0.58	1.96	1.95	1.19	0.19	0.11	0.00	0.05	0.00	0.62	14.23	106.33
N168-5	N168-5-01	29.50	17.99	22.81	7.99	0.06	0.23	0.00	0.50	0.14	79.22	3.37	0.63	1.79	2.18	1.36	0.01	0.03	0.00	0.05	0.01	0.62	14.22	116.65
	N168-5-02	30.16	17.64	23.31	7.87	0.04	0.29	0.02	0.48	0.06	79.87	3.42	0.58	1.78	2.21	1.33	0.01	0.04	0.00	0.05	0.00	0.62	14.23	111.47
	N168-5-03	38.24	23.31	19.64	1.27	1.21	0.62	0.01	0.41	2.50	87.20	3.80	0.20	2.53	1.63	0.19	0.23	0.08	0.00	0.03	0.20	0.90	14.28	55.96
	N168-5-04	25.33	16.73	17.30	6.27	0.37	0.67	0.01	0.42	0.02	67.12	3.37	0.63	1.99	1.92	1.24	0.10	0.11	0.00	0.05	0.00	0.61	14.23	111.48
	N168-5-05	24.50	14.83	14.29	5.39	0.03	1.38	0.00	0.31	0.08	60.80	3.56	0.44	2.09	1.73	1.17	0.01	0.26	0.00	0.04	0.01	0.60	14.25	86.18
	N168-5-06	36.55	15.41	18.78	9.68	0.22	1.16	0.16	0.41	0.07	82.44	3.87	0.13	1.80	1.66	1.53	0.05	0.16	0.01	0.04	0.01	0.52	14.29	48.03

续表

样品号	测温点号	SiO_2	Al_2O_3	FeO	MgO	Na_2O	K_2O	TiO_2	MnO	Cr_2O_3	总计	Si	Al^{IV}	Al^{VI}	Fe^{2+}	Mg	Na	K	Ti	Mn	Cr	Fe/(Fe+Mg)	d_{001}/nm	T/℃
Y489-2	Y489-2-01	25.10	15.97	22.32	5.20	0.16	0.17	0.00	0.08	0.06	69.06	3.34	0.66	1.84	2.48	1.03	0.04	0.03	0.00	0.01	0.01	0.71	14.21	126.30
	Y489-2-02	33.24	21.78	18.89	5.29	0.14	0.97	0.02	0.34	0.14	80.81	3.58	0.42	2.35	1.70	0.85	0.03	0.13	0.00	0.03	0.01	0.67	14.26	82.41
	Y489-2-03	26.86	18.10	23.25	5.49	0.10	0.53	0.00	0.07	0.44	74.83	3.29	0.71	1.90	2.38	1.00	0.02	0.08	0.00	0.01	0.04	0.70	14.21	130.08
	Y489-2-04	24.58	17.46	5.13	13.28	0.21	1.22	0.04	0.26	0.01	62.19	3.44	0.56	2.32	1.55	1.07	0.06	0.22	0.00	0.03	0.00	0.59	14.24	95.94
	Y489-2-05	26.07	18.05	25.23	6.99	0.07	0.04	0.00	0.09	0.04	76.57	3.15	0.85	1.72	2.55	1.26	0.02	0.01	0.00	0.01	0.00	0.67	14.19	149.20
	Y489-2-06	29.49	18.38	23.99	6.82	0.07	0.01	0.00	0.07	0.04	78.87	3.39	0.61	1.88	2.30	1.17	0.02	0.00	0.00	0.01	0.00	0.66	14.22	117.06
Y489-3	Y489-3-01	26.76	12.23	13.31	4.68	0.02	4.08	0.02	0.34	0.09	61.52	3.89	0.11	1.99	1.62	1.02	0.01	0.76	0.00	0.04	0.01	0.61	14.29	45.15
	Y489-3-02	33.89	19.01	14.56	5.44	0.76	2.41	0.05	0.35	0.04	76.52	3.82	0.18	2.34	1.37	0.91	0.17	0.35	0.00	0.03	0.00	0.60	14.29	48.91
	Y489-3-03	30.99	13.50	20.08	4.77	0.27	0.09	0.00	0.04	0.04	69.77	3.94	0.06	1.96	2.13	0.90	0.07	0.01	0.00	0.00	0.00	0.70	14.29	49.86
	Y489-3-04	28.49	13.74	14.21	0.99	0.09	3.44	0.01	0.38	8.91	70.26	3.70	0.30	1.80	1.54	0.19	0.02	0.57	0.00	0.04	0.91	0.89	14.27	65.66
	Y489-3-05	26.77	16.51	14.34	5.19	0.09	2.27	0.00	0.31	0.04	65.51	3.59	0.41	2.21	1.61	1.04	0.02	0.39	0.00	0.03	0.00	0.61	14.26	79.29
	Y489-3-06	26.75	12.61	22.07	5.31	0.05	0.04	0.05	0.11	0.07	67.06	3.65	0.35	1.68	2.52	1.08	0.01	0.01	0.01	0.01	0.01	0.70	14.25	90.59
	Y489-3-07	27.84	16.38	20.37	5.82	0.05	2.60	0.07	0.09	0.06	73.29	3.47	0.53	1.88	2.12	1.08	0.01	0.41	0.01	0.01	0.01	0.66	14.24	103.85
Z256-4	Z256-4-01	28.35	18.53	24.99	5.07	1.56	0.46	0.06	0.10	0.24	79.35	3.30	0.70	1.85	2.44	0.88	0.35	0.07	0.00	0.01	0.02	0.73	14.21	129.47
	Z256-4-02	26.29	18.82	25.98	1.03	0.44	0.06	0.00	0.10	0.10	72.81	3.35	0.65	2.18	2.77	0.20	0.11	0.01	0.00	0.01	0.01	0.93	14.21	130.48
	Z256-4-03	27.13	18.65	24.66	4.79	0.19	0.16	0.02	0.11	0.05	75.74	3.29	0.71	1.96	2.50	0.87	0.04	0.02	0.00	0.01	0.00	0.74	14.21	132.30
	Z256-4-04	27.24	21.74	24.43	1.45	0.38	0.04	0.02	0.12	0.14	75.55	3.28	0.72	2.37	2.46	0.26	0.09	0.01	0.00	0.01	0.01	0.90	14.21	132.45
	Z256-4-05	24.68	16.06	22.92	5.73	0.25	0.08	0.01	0.08	0.08	69.88	3.26	0.74	1.76	2.53	1.13	0.06	0.01	0.00	0.01	0.01	0.69	14.20	136.14
	Z256-4-06	26.15	17.50	22.41	7.73	0.05	0.16	0.00	0.14	0.07	74.21	3.22	0.78	1.75	2.30	1.42	0.01	0.02	0.00	0.01	0.01	0.62	14.20	136.97
	Z256-4-07	28.56	19.62	23.76	7.69	1.23	1.35	0.23	0.55	0.12	83.11	3.17	0.83	1.74	2.21	1.27	0.26	0.19	0.02	0.05	0.01	0.63	14.20	140.21

电子探针配备的 BSE 扫描电镜观察系统以及其探针束斑直径仅为 1μm 的特点使精细化研究自生绿泥石的生长习性成为可能，本次实验针对自生绿泥石填隙和绿泥石包膜开展了具有针对性的测温研究。结果显示，自生绿泥石膜与颗粒表面距离不同时，其形成温度也不同，距颗粒表面越近形成温度越低，反之越高（图 4.5A、图 4.5B），这表明绿泥石包膜的生长过程具有连续性和期次性，即现今的绿泥石包膜是在成岩过程中分多个阶段连续生成的；此外，绿泥石填隙的形成温度普遍较高，可知其在自生绿泥石形成序列中属于晚期产物，从形成温度看属于中成岩 A–中成岩 B 期产物（图 4.5C、图 4.5D），但其含量总体较低，因此对储层物性破坏作用有限；同时在孔隙空间中的转角、死角以及曲折扁细的喉道更易堆积厚度较大、形成温度较高的晚期绿泥石包膜，使得孔隙空间中的“犄角旮旯”基本被较厚的绿泥石膜所充填（图 4.5E、图 4.5F），这可能与这些部位流体流通性较差，易堆积沉淀绿泥石有关。总体来说，自生绿泥石的这些生长特征可为下一步的成岩过程定量研究提供依据。

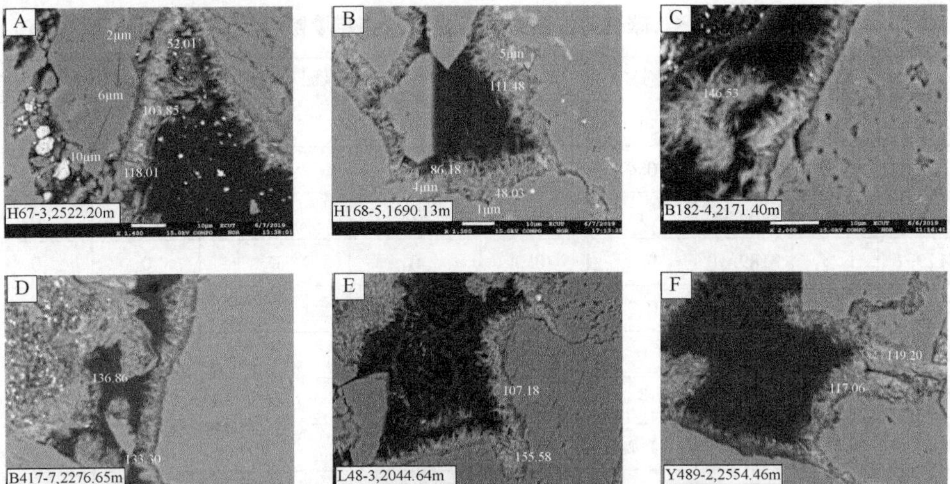

图 4.5　绿泥石形成温度示意图

A：H67-3-01、H67-3-02、H67-3-03 测温点及温度和距颗粒表面距离，BSE 扫描电镜；B：N168-5-04、N168-5-05、N168-5-06 测温点及温度和距颗粒表面距离，BSE 扫描电镜；C：B182-4-04 测温点及温度，BSE 扫描电镜；D：B417-7-01、B417-7-02 测温点及温度，BSE 扫描电镜；E：L48-3-01、L48-3-02 测温点及温度，BSE 扫描电镜；F：Y489-2-05、Y489-2-06 测温点及温度，BSE 扫描电镜

4.2.3　碳酸盐胶结形成温度

本次实验共选取研究区 25 个典型样品进行微钻取样和碳氧同位素测定，样品薄片鉴定填隙物含量见表 4.5，碳酸盐胶结主要为方解石类矿物，含量为 3%～

45%。根据显微镜下碳酸盐胶结染色特征以及与阴极发光显微镜同一视域下显色特征的对比，可以看到同一样品中虽然存在多期碳酸盐胶结，但是均以橙红色的第二期铁方解石胶结(图 4. 6E)与呈暗红色的第三期铁方解石和铁白云石为主(图 4. 6D、图 4. 6F)，代表了碳酸盐胶结中，中晚期的铁方解石和铁白云石占据主体地位，这两期碳酸盐胶结晶粒较为粗大和洁净，大多充填于剩余粒间孔中，呈孔隙式胶结，对储层物性面貌的破坏作用最为显著。若细致分析，不同样品中占主体地位的胶结物期次也存在细微不同：第三期对第二期胶结进行交代使第二期碳酸盐矿物呈环边或斑状赋存(图 4. 6A、图 4. 6D)；第三期碳酸盐发育较少并主要赋存于颗粒边缘或少量交代第二期胶结物，主体为第二期橙红色铁方解石胶结(图 4. 6B、图 4. 6E)；第二期与第三期碳酸盐胶结发育含量近似(图 4. 6C、图 4. 6F)。鉴于其他颜色的胶结含量较少，即便钻取也不足以达到同位素质谱仪测定样品质量的下限，因此在显微钻取时只钻取含量最高的主力沉淀期碳酸盐胶结进行碳氧同位素测定。

表 4. 5　碳氧同位素分析样品薄片鉴定填隙物含量

样品号	层位	深度/m	硅质/%	方解石/%	绿泥石膜/%	绿泥石填隙/%	高岭石/%	伊利石/%
N168-10	长 8_1	1750. 90	1	13	1. 2	0	0. 2	0. 4
Z256-11	长 8_1	1701. 20	0. 4	25	0. 4	0	0	1. 4
Z256-3	长 8_2	1769. 00	1	3	7	0. 3	0	0
Z129-6	长 8_1	2189. 10	0. 3	18. 3	0	0	0	0
Z129-2	长 8_1	2198. 05	0. 3	35. 3	0. 6	0	0	2. 3
Z129-8	长 8_2	2226. 05	0	40	3. 1	0	0	0
L99-7	长 8_1	2297. 10	2	14	2. 2	0	0	1. 2
L48-2	长 8_1	2049. 35	1. 2	11. 2	2. 7	0. 4	0	0
B182-6	长 8_1	2169. 30	2. 5	16. 5	1. 4	0. 2	0	0
M244-3	长 8_1	2390. 10	1	17	0. 1	0	0	0. 4
M62-5	长 8_1	2272. 67	1. 3	16. 3	0. 3	0	0	0
H67-2	长 8_2	2547. 45	0	30	0. 4	0. 8	0	0. 3
Y489-6	长 8_1	2499. 05	3	11	0. 2	0	0	0. 4
L99-9	长 8_1	2289. 45	0	45	0. 2	0	0	0
B417-6	长 8_1	2219. 29	0. 3	40. 3	0. 3	0	0	1. 1
B182-3	长 8_1	2175. 33	0. 2	35	2. 4	0. 4	0	0. 9
B182-8	长 8_2	2198. 88	1. 2	21. 2	1. 3	0	0. 3	0

续表

样品号	层位	深度/m	硅质/%	方解石/%	绿泥石膜/%	绿泥石填隙/%	高岭石/%	伊利石/%
Y489-8	长 8_1	2493. 55	2. 5	27. 5	0. 7	0	0	0
N168-2	长 8_1	1692. 75	0	25	3. 1	0. 6	0	2. 6
M62-7	长 8_1	2266. 50	0	45	2. 4	0	0	0
H67-5	长 8_1	2515. 33	1. 6	13. 6	0. 4	0	0	5
H67-1	长 8_2	2547. 10	3. 5	18. 5	1. 2	0. 1	2. 7	1
M244-1	长 8_1	2393. 80	2. 2	3. 7	4. 5	0. 5	0	0
L48-1	长 8_2	2082. 95	2. 1	11. 1	3	0. 2	1	0. 6
B417-4	长 8_1	2223. 85	0. 2	40. 2	0. 1	0	0	0

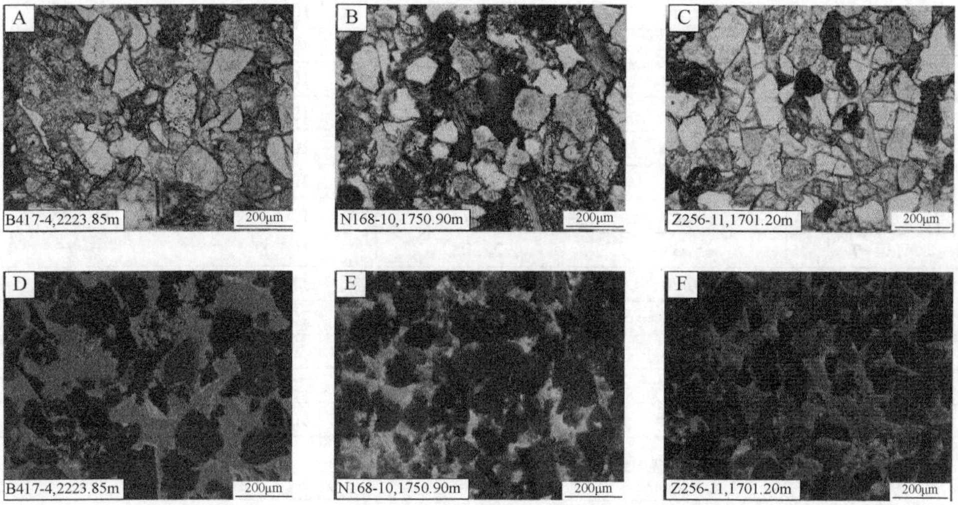

图 4. 6　碳酸盐胶结显微镜与阴极发光对应视域照片

A、D：B417-4，单偏光与阴极发光；B、E：N168-10，单偏光与阴极发光；

C、F：Z256-11，单偏光与阴极发光

表 4. 6 为碳酸盐胶结物碳氧同位素值和沉淀温度换算结果。所有样品的$\delta^{13}C$值为-9. 26‰～-2. 91‰，$\delta^{18}O$ 值为-25. 21‰～-14. 84‰，同位素值变化较大，说明不同样品的主力碳酸盐胶结存在时间和来源上的差异。碳酸盐胶结计算沉淀温度为 82. 91～130. 78℃，平均为 100. 28℃，研究区的主力沉淀期碳酸盐胶结基本上形成于中成岩 A 期。频率分布上主要集中于 80～110℃，并在 120～130℃存在一个小高峰(图 4. 7)。

表 4.6　碳酸盐胶结物碳氧同位素实验结果

样品号	δ^{13}C(PDB,‰)	δ^{18}O(PDB,‰)	Z	T/℃
N168-10	-6.04	-18.86	105.54	82.91
Z256-11	-4.73	-19.30	108.00	83.93
Z256-3	-8.13	-19.22	101.08	85.36
Z129-6	-4.57	-19.34	108.31	85.90
Z129-2	-8.46	-21.37	99.33	86.18
Z129-8	-5.04	-21.05	106.50	88.45
L99-7	-7.33	-19.67	102.49	88.45
L48-2	-6.88	-19.67	103.41	93.55
B182-6	-5.16	-20.40	106.57	97.60
M244-3	-5.85	-21.34	104.69	98.18
M62-5	-7.33	-14.84	104.90	99.40
H67-2	-7.35	-21.22	101.68	100.27
Y489-6	-6.64	-21.83	102.83	100.49
L99-9	-7.30	-21.36	101.71	103.85
B417-6	-6.29	-21.40	103.76	100.42
B182-3	-3.74	-19.63	109.86	100.71
B182-8	-3.78	-25.10	107.06	130.78
Y489-8	-2.91	-23.25	109.76	128.94
N168-2	-7.85	-20.71	100.91	114.48
M62-7	-5.37	-21.08	105.80	95.75
H67-5	-3.20	-17.78	111.89	98.40
H67-1	-5.95	-20.57	104.87	90.67
M244-1	-7.48	-24.96	99.55	94.75
L48-1	-9.26	-25.21	95.78	127.82
B417-4	-6.87	-20.97	102.79	129.82

注：Z 值可用于定量判别碳酸盐胶结形成时的成岩流体盐度。

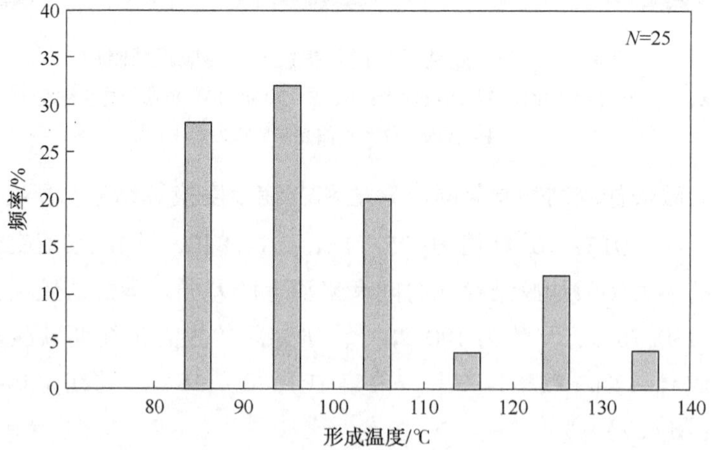

图 4.7　长 8 储层碳酸盐胶结形成温度频率分布图

4.2.4 硅质胶结形成温度

本书针对研究区 9 个典型样品进行了流体包裹体分析，表 4.7 为硅质胶结中盐水包裹体的均一温度测定结果，均一温度为 70.10～144.10℃，平均为 103.05℃，测试盐水包裹体均赋存于石英裂纹中，大部分为次生加大边中的包裹体，仅个别为充填孔隙的自形石英中的包裹体，这些包裹体在室温条件下呈气液两相状态，通过均一温度可知长 8 致密砂岩中的硅质胶结基本形成于早成岩 A-中成岩 A 期。在频率分布图(图 4.8)上，硅质胶结的形成温度主要集中于 80～90℃和 100～120℃两个区间，但总体具有连续生长的特征。

表 4.7 硅质胶结中盐水包裹体均一温度实验结果

样品号	深度/m	T_h/℃	样品号	深度/m	T_h/℃
H27-2-01	2246.20	105.80	M131-2-01	2465.80	85.30
H27-2-02	2246.20	106.70	M131-2-02	2465.80	87.10
H27-2-03	2246.20	107.50	M131-2-03	2465.80	88.60
H27-2-04	2246.20	110.60	M131-2-04	2465.80	92.50
H27-2-05	2246.20	112.50	M131-2-05	2465.80	117.30
H27-2-06	2246.20	138.80	M131-2-06	2465.80	118.80
H39-1-01	2577.30	96.10	M212-1-01	2308.81	70.10
H39-1-02	2577.30	98.20	M212-1-02	2308.81	73.50
H39-1-03	2577.30	100.70	M212-1-03	2308.81	78.30
H39-1-04	2577.30	101.30	M212-1-04	2308.81	80.90
H39-1-05	2577.30	103.50	M212-1-05	2308.81	83.30
H39-1-06	2577.30	103.90	M212-1-06	2308.81	100.50
H39-1-07	2577.30	104.70	M217-4-01	2450.32	77.70
H99-1-01	2544.96	80.90	M217-4-02	2450.32	82.90
H99-1-02	2544.96	82.70	M217-4-03	2450.32	83.70
H99-1-03	2544.96	83.30	M217-4-04	2450.32	96.60
H99-1-04	2544.96	113.80	M217-4-05	2450.32	96.70
H99-1-05	2544.96	115.10	M217-4-06	2450.32	100.90
H99-1-06	2544.96	116.30	M217-4-07	2450.32	103.10

续表

样品号	深度/m	T_h/℃	样品号	深度/m	T_h/℃
M31-4-01	2433.62	83.20	N137-1-04	1806.83	126.20
M31-4-02	2433.62	89.10	N137-1-05	1806.83	103.50
M31-4-03	2433.62	103.50	N137-1-06	1806.83	105.50
M31-4-04	2433.62	108.30	Z66-2-01	2165.20	118.50
M31-4-05	2433.62	109.60	Z66-2-02	2165.20	119.00
M31-4-06	2433.62	110.70	Z66-2-03	2165.20	121.50
M31-4-07	2433.62	111.10	Z66-2-04	2165.20	140.90
N137-1-01	1806.83	120.10	Z66-2-05	2165.20	144.10
N137-1-02	1806.83	122.90	Z66-2-06	2165.20	105.10
N137-1-03	1806.83	125.30	Z66-2-07	2165.20	108.80

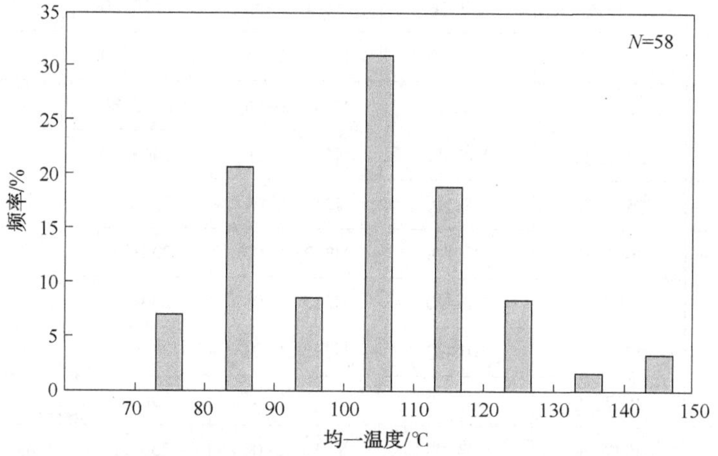

图 4.8　长 8 储层硅质胶结盐水包裹体均一温度频率分布图

4.3　填隙物充填顺序定量分析及形成过程与机理

4.3.1　填隙物充填顺序定量分析

通过对储层成岩作用过程定量分析，可以使成岩过程更加系统化、可控化，能够更直观地认识成岩过程中填隙物的形成演化以及对储层的相应影响。在前述有关长 8 致密砂岩储层中填隙物的类型、特征、微区测温等系统研究的基础上，根据大量薄片观察得出的自生矿物之间的切割交代和溶解充填关系、沥青质产状及与自生矿物之间的接触关系，结合自生矿物的微区形成温度数据，对研究区长8储层成岩过程进行了定性分析，并对填隙物充填顺序进行了定量期次划分。

首先对研究区长8储层的成岩阶段进行了划分。碎屑颗粒在显微镜下主要呈点-线状接触，线状-凹凸状接触较少，发育Ⅱ级和Ⅲ级石英次生加大边以及自形石英晶体，可见晚期含铁碳酸盐矿物以交代、胶结形式出现。储层的原生孔隙发育较少，以包括长石、岩屑以及碳酸盐胶结物的次生溶蚀孔隙为主。孔隙中可见残余烃类有机质，收集自长庆油田的长8储层中有机质的镜质体反射率(R_o)平均为0.93%，仅极少量样品大于1.30%。根据以上储层成岩特征和标志，可以判断研究区长8油层组主体处于中成岩A期的成岩阶段，部分可能进入中成岩B期。

从大量镜下观察可以看出，研究区长8储层经历了压实、胶结、溶蚀和交代等成岩作用。填隙物主要为胶结作用的产物，充填物质有硅质胶结、高岭石、伊利石、绿泥石和碳酸盐胶结等。其中自生绿泥石形成时间范围较广，早期绿泥石黏土膜覆于颗粒之上，之后其上可见自形石英形成并且被有机质浸染，说明绿泥石膜早于自形石英颗粒和烃类充注(图4.9A)。中晚期自生绿泥石以环边形式附着在石英次生加大边和孔隙中的自形石英颗粒上甚至交代石英颗粒，或以早期绿泥石环边为基础而继续生长(图4.9B、图4.9C)。碳酸盐胶结以中晚期为主体，与自生绿泥石共生并被绿泥石部分交代(图4.9D)，也可见碳酸盐胶结填充孔隙，形成时间晚于自形石英和石英次生加大边(图4.9E、图4.9F)。硅质胶结总体可分为3期，早期以次生加大边为主，发育早于中期绿泥石和中晚期碳酸盐以及中晚期伊利石填隙(图4.9B、图4.9F、图4.9G)，中晚期以自形或他形填隙形式存在于孔隙空间，形成时间早于中晚期绿泥石包膜和中晚期碳酸盐胶结以及长石溶蚀(图4.9C、图4.9E、图4.9I)，但是晚于伊利石包膜。伊利石同样表现出多期次特征，早期主要附着于绿泥石膜之上向孔隙空间生长(图4.9H)，中晚期则以孔隙填隙的形式存在(图4.9G)。高岭石主要存在于火山岩岩屑、长石颗粒的溶蚀孔中(图3.3K)，这与其形成机理有关，形成时间上晚于长石溶蚀，早于伊利石。

通过以上分析可以大概得出研究区的定性成岩演化序列：早中期绿泥石黏土膜-早期方解石胶结-早期石英次生加大-早期伊利石黏土膜-长石、岩屑溶蚀-高岭石+中晚期自生石英胶结-中晚期伊利石胶结-中晚期(含)铁方解石+晚期绿泥石。

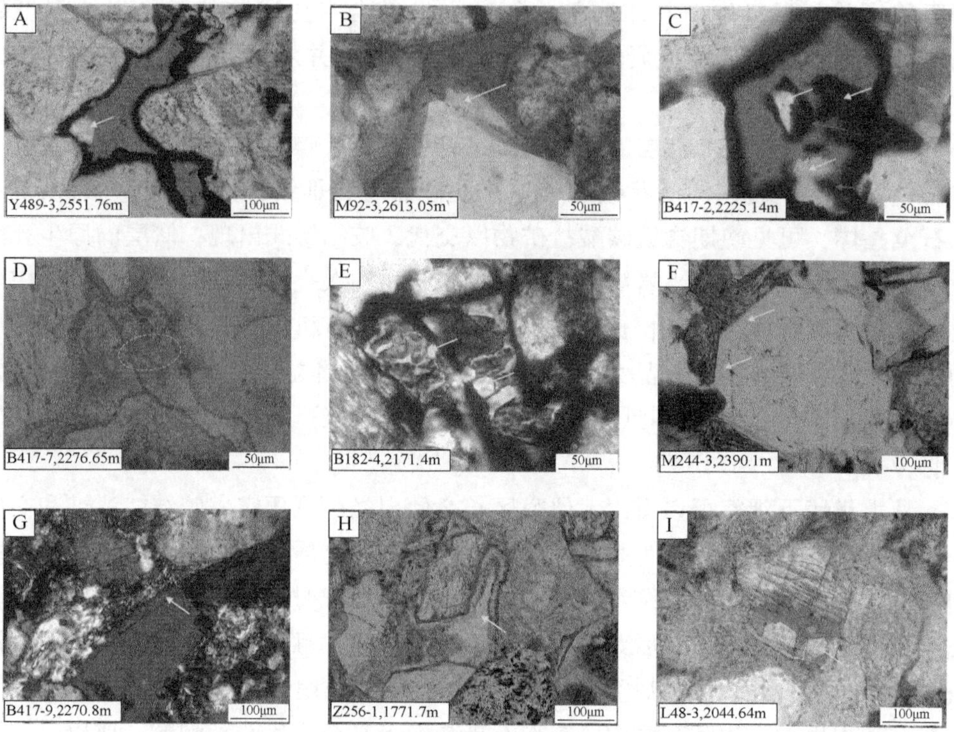

图 4.9　长 8 致密砂岩成岩演化序列证据

A：自形石英(黄箭头)附着于绿泥石黏土膜(红箭头)之上，且绿泥石膜浸染有机质，说明绿泥石膜早于自形石英和油气充注，单偏光；B：绿泥石黏土膜(红箭头)覆盖于石英次生加大边之上(黄箭头)，说明绿泥石膜晚于石英次生加大，单偏光；C：绿泥石黏土膜(红箭头)覆盖并交代孔隙中的自形石英(黄箭头)，并浸染有机质，说明绿泥石膜晚于自形石英且早于油气充注，单偏光；D：绿泥石膜(黄圈)与晚期碳酸盐胶结(红箭头)共生并部分交代碳酸盐胶结，说明绿泥石膜稍晚于晚期碳酸盐胶结，单偏光；E：铁方解石(红箭头)晚于自形石英(黄箭头)，单偏光；F：铁方解石(红箭头)晚于石英次生加大边(黄箭头)，单偏光；G：伊利石(红箭头)晚于石英次生加大边(黄箭头)，正交光；H：硅质胶结(黄箭头)晚于伊利石包膜(红箭头)，单偏光；I：自形石英(黄箭头)形成于长石溶蚀孔内(红圈)，说明自形石英晚于长石溶蚀，单偏光

从长 8 储层的定性成岩演化序列中可以看出填隙物大多具有多期次发育特征，即不同填隙物类型在成岩过程中的形成先后顺序是交替变化的，这一点从填隙物的形成温度综合分布图上也得以体现(图 4.10)，绿泥石的形成温度分布最宽，代表其形成基本贯穿于整个成岩过程；硅质胶结、伊利石以及碳酸盐胶结具有明显的多期次发育特征。而将镜下自生矿物接触关系与微区测温结果结合起来就可以得到由形成温度所约束的精细化定量填隙物充填顺序，具体为：早期绿泥

石黏土膜(35.53~90.59℃)-早期泥晶方解石胶结-早期石英次生加大(70.10~92.50℃)-早期伊利石环边(71.41~108.99℃)-中期碳酸盐胶结(82.91~129.82℃)-中期绿泥石胶结(95.94~126.30℃)-中晚期自生石英胶结(96.10~144.10℃)+高岭石胶结-中晚期伊利石胶结(111.84~157.08℃)-晚期绿泥石胶结(129.47~158.82℃)+晚期碳酸盐胶结(≥130.78℃)(图4.11)。

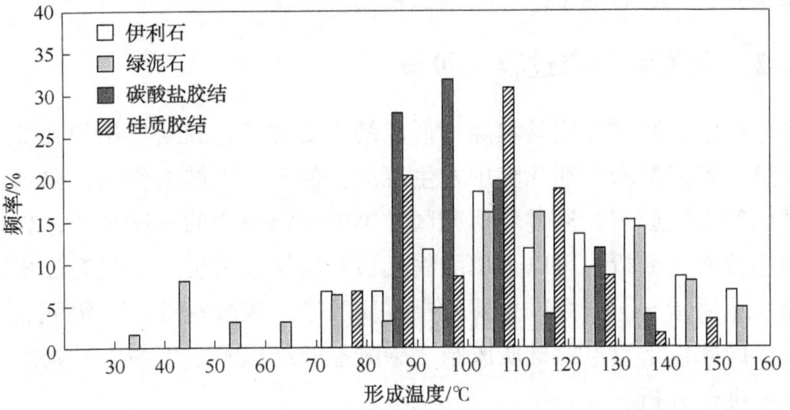

图4.10 长8致密砂岩中填隙物形成温度综合分布图

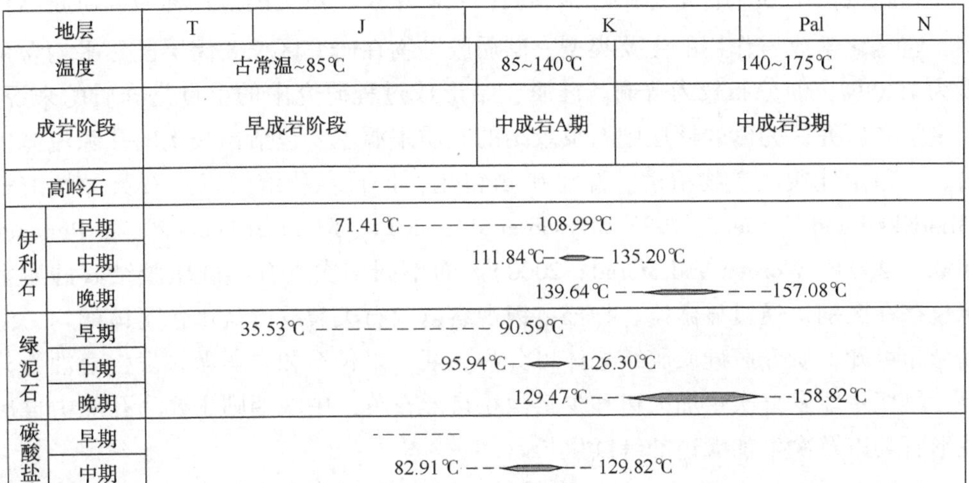

图4.11 长8致密储层填隙物演化序列定量分析图

综合来看，填隙物充填顺序与成岩环境的变化有关，早期的成岩环境偏碱性，以生成绿泥石、碳酸盐胶结为主，随着有机酸的注入，长石和岩屑颗粒开始溶蚀，从而沉淀形成自生石英和高岭石，之后成岩环境再次过渡到碱性，生成中晚期的伊利石和碳酸盐胶结。而通过微区测温结果所约束的填隙物定量充填顺序使致密砂岩的成岩演化过程更为精细、全面地展现出来，可以为后续填隙物形成机理和储层致密化过程的细致分析提供依据。

4.3.2　填隙物形成过程及机理

成岩过程中，胶结作用是填隙物形成的主要方式，胶结作用指孔隙流体中某种物质含量达到过饱和而在孔隙中发生沉淀，使岩石固结的作用，是造成致密砂岩物性降低的主要原因。通过对研究区常见的胶结作用的物质来源、作用机理和储层影响进行探讨分析，可以为填隙物充填、储层致密史及油气充注史的耦合作用研究提供重要指导。研究区主要发育硅质胶结、碳酸盐胶结、绿泥石、伊利石和高岭石，因此以下重点对硅质胶结、碳酸盐胶结以及自生黏土矿物胶结作用的过程和机理进行分析。

4.3.2.1　硅质胶结

孔隙流体中 SiO_2 含量达到过饱和而在孔隙中发生沉淀的过程称为硅质胶结作用，它是化学成岩作用的主要类型。硅质胶结物在研究区长 8 储层虽然平均含量仅为 1.88%，但分布较为普遍。硅质胶结形成过程研究中的重点是硅质的来源，大量学者研究认为砂岩储层中石英胶结的硅质来源主要包括含 SiO_2 的孔隙流体供给、不稳定硅酸盐矿物溶解、黏土矿物转化、长石颗粒溶解以及石英颗粒溶解（Bjørlykke and Egeberg, 1993；Hyodo et al., 2014；Kim and Lee, 2004；Peltonen et al., 2009；Worden and Morad, 2000）。而不同期次发育的硅质胶结其硅质来源也存在区别，通过显微镜、扫描电镜观察以及石英裂纹中盐水包裹体的均一温度分布可知，研究区硅质胶结总体可分为 3 期，以长石和岩屑颗粒发生溶蚀为分界，早期主要发育次生加大边和少量微粒自形石英，中晚期则主要为孔隙中自形他形石英以及次生加大边的继续生长。

早期硅质胶结主要形成于成岩早期，以早期石英次生加大边形式出现（图 4.9G），形成温度为 70.10~92.50℃（图 4.11），其硅质来源主要有 3 种：①致密砂岩的泥岩夹层中的含 SiO_2 的孔隙水在早期压实作用的挤压力下进入砂岩层中；②不稳定硅酸盐矿物如火山岩岩屑在早期风化过程中会释放出 Si^{4+}；③蒙脱石向伊利石或伊/蒙混层向伊利石的转化过程中会释放出大量的 Si^{4+}。前两种主要是在早期压实阶段低温低压接近开放的体系中形成，产生的量相对较少，且孔隙流体流动性较好，故形成的石英胶结物极为有限；早期石英次生加大的硅质主要来源于蒙脱石向伊利石转化过程中释放出的 Si^{4+}(Lynch et al.，1997；Thyberg et al.，2010)。碎屑岩储层中的火山岩岩屑在成岩早期阶段易发生风化和水化作用形成蒙脱石附着于碎屑颗粒表面，蒙脱石化学稳定性较差，在存在 K^+ 和地层温度升高时会先转变为伊/蒙混层再逐渐向较为稳定的伊利石转化(Cama et al.，2000；Do Campo et al.，2010)，研究区长8储层中火山岩岩屑含量较高，平均为8.75%，具有形成蒙脱石的物质基础。该转化过程的反应方程式如下：

$$4.5K^{+}+8Al^{3+}+(Na,\ Ca)_{0.33}(Al,\ Mg)_{2}[Si_{4}O_{10}](OH)_{2}\cdot nH_{2}O(\text{蒙脱石})\longrightarrow KAlSi_{3}O_{10}(OH)_{2}(\text{伊利石})+Na^{+}+2Ca^{2+}+2.5Fe^{3+}+2Mg^{2+}+3Si^{4+} \quad (4.5)$$

从式(4.5)可知，该转化过程发生的前提是储层当中存在 K^+，而成岩早期钾长石的钠长石化作用恰好可以为该反应提供 K^+，研究区致密砂岩中粒状、小柱状钾长石转化为板状钠长石的现象非常普遍(图4.12A)，且该过程的起始温度约为65℃，与蒙脱石向伊利石转化沉淀的温度(60~65℃)具有对应性(Peltonen et al.，2009；Saigal et al.，1988)，同时该转化过程的起始温度与研究区早期硅质胶结的沉淀温度(70.10~92.50℃)也具有一致性。又因为蒙脱石向伊利石转化的起始阶段属于早成岩A末、早成岩B初期，成岩环境开放性降低，形成的 Si^{4+} 在进入孔隙流体后会运输一段距离沉淀形成次生加大边，部分也会就近形成微粒自形石英，扫描电镜观察结果显示，微粒自形石英晶体常与颗粒表面的伊/蒙混层和伊利石共生(图3.1E、图3.3I)，此外还可见微粒自形石英与伊利石、绿泥石共生的现象(图3.1F、图4.12B)，这是由于伊/蒙混层在向伊利石转化的过程中还会生成少量绿泥石，上述现象均可作为蒙脱石转化为伊利石的过程中可以形成自生石英胶结的证据，反应过程如下：

$$10.93I/S(20\%I)+0.91KAlSi_{3}O_{10}(OH)_{2}(\text{伊利石})+2.75Al_{2}Si_{2}O_{5}(OH)_{4}(\text{高岭石})+0.86KAlSi_{3}O_{8}(\text{钾长石})+1.46CaAl_{2}Si_{2}O_{8}(\text{斜长石})+2.11Al_{2}O_{3}+2.66K_{2}O\longrightarrow 12.59I/S(85\%I)+0.27(Mg,\ Fe^{2+})_{6}[(Si,\ Al)_{4}O_{10}]_{3}(OH)_{6}(H_{2}O)_{4}(\text{绿泥石})+3.16SiO_{2}(\text{石英})+1.98NaAlSi_{3}O_{8}(\text{钠长石})+4.70SiO_{2} \quad (4.6)$$

中晚期硅质胶结形成温度为96.10~144.10℃，发育形式主要为石英次生加大边的第二期和第三期生长、充填孔隙的自形石英以及少量的他形石英。硅质来源主要为长石与岩屑溶解和高岭石发生伊利石化。伴随着有机质在热演化过程中产生的水溶性有机酸的注入，成岩环境变为酸性环境，钾长石开始发生溶蚀并形成高岭石，在此过程中会释放出 Si^{4+} 和 K^+(Giles and De Boer，1990)，相应方程式如下：

$$2KAlSi_{3}O_{8}(\text{钾长石})+2H^{+}+H_{2}O\longrightarrow Al_{2}Si_{2}O_{5}(OH)_{4}(\text{高岭石})+4SiO_{2}+2K^{+} \quad (4.7)$$

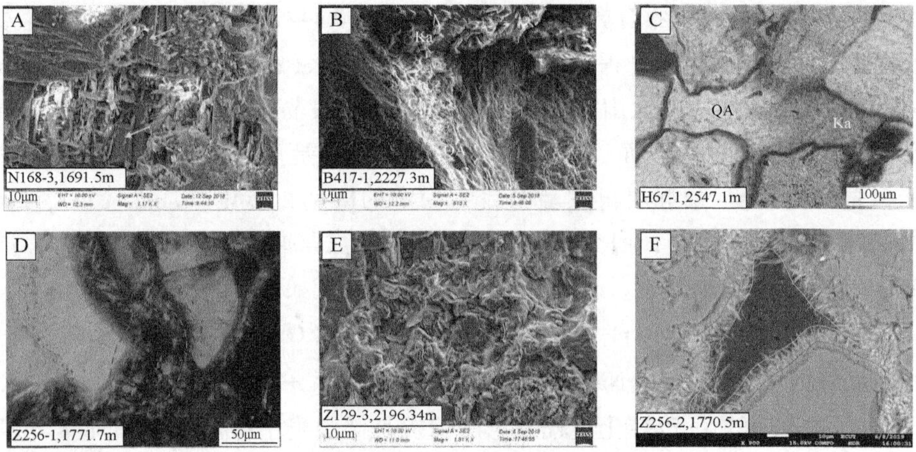

图 4.12　长 8 致密砂岩填隙物微观共生组合

A：条状、粒状钾长石(红圈)部分溶蚀且发生钠长石化形成柱状、小板状钠长石(黄箭头)，扫描电镜；B：蠕虫状自生高岭石与自形石英晶体、粒表绿泥石包膜共生，扫描电镜；C：自生高岭石与充填孔隙他形石英竞争生长，单偏光；D：自生高岭石发生伊利石化(红圈)，正交光；E：蠕虫状自生高岭石伊利石化出现向片状伊利石转化的过渡态(红圈)，扫描电镜；F：自生绿泥石颗粒包膜呈现双层结构，内层为较薄颗粒环边，自形较差(红线)，外层为针叶状自形较好的绿泥石(黄线)，扫描电镜

式(4.7)的反应能持续进行的前提是储层中有 H^+ 输入的同时，反应生成的 K^+ 被带出反应系统(Bjørlykke and Jahren，2012)。因此长石溶解也通常发生于埋藏较浅、大气淡水淋滤的相对开放环境，但因为长石溶解物质易被流体运移带出孔隙空间，不易沉淀形成硅质胶结，故长石的这一溶蚀路径可基本忽略(Bjørlykke and Jahren，2012)。在有机酸作为溶蚀介质的情况下，反应释出的 K^+ 会继续促进蒙脱石向伊利石转化，从而提供更多量的 Si^{4+} 造成硅质沉淀。研究区长石溶蚀孔量与硅质胶结含量总体呈正相关关系(图 4.13A)，一定程度地佐证了长石溶蚀是硅质胶结的物质来源，同时因为此时成岩环境的开放性进一步下降，通过长石溶蚀释出的 Si^{4+} 更倾向于就近沉淀，在显微镜下可以看到自形石英晶体形成于长石溶孔内(图 3.1C)，甚至形成他形石英，与高岭石呈现竞争生长关系(图 4.12C)。而当成岩系统的温度进一步升高达到约 120℃时，储层中的高岭石会发生伊利石化形成伊利石和石英(Bjørlykke and Jahren，2012)，反应方程式如下：

$$KAlSi_3O_8(\text{钾长石})+Al_2Si_2O_5(OH)_4(\text{高岭石})\longrightarrow KAlSi_3O_{10}(OH)_2(\text{伊利石})+SiO_2(\text{石英})+H_2O \quad (4.8)$$

石英裂纹中的盐水包裹体均一温度显示硅质胶结最高形成温度达 144.10℃(图 4.11)，与上述反应发生温度能够匹配。同时研究区硅质胶结含量与伊利石含量存在正相关关系(图 4.13B)，而伊利石含量与高岭石含量则存在负相关关系(图 4.13C)，微观特征也显示高岭石存在向伊利石转化的现象(图 4.12D、图 4.12E)，可以证明高岭石在发生伊利石化的同时确实能够为石英胶结的形成提供硅质来源，但是研究区整体高岭石含量偏低，平均仅为 0.4%，因此该反应路径形成的硅质胶结含量较为有限，同时上述反应的发生还需要有钾长石的参与，因此一般发生在钾长石溶蚀就近形成的高岭石附近(图 3.3K)，反应生成的硅质会成为充填孔隙的自形石英，或促进之前他形石英的继续生长，总体数量极其有限，可以视作中期硅质胶结的少量延续。

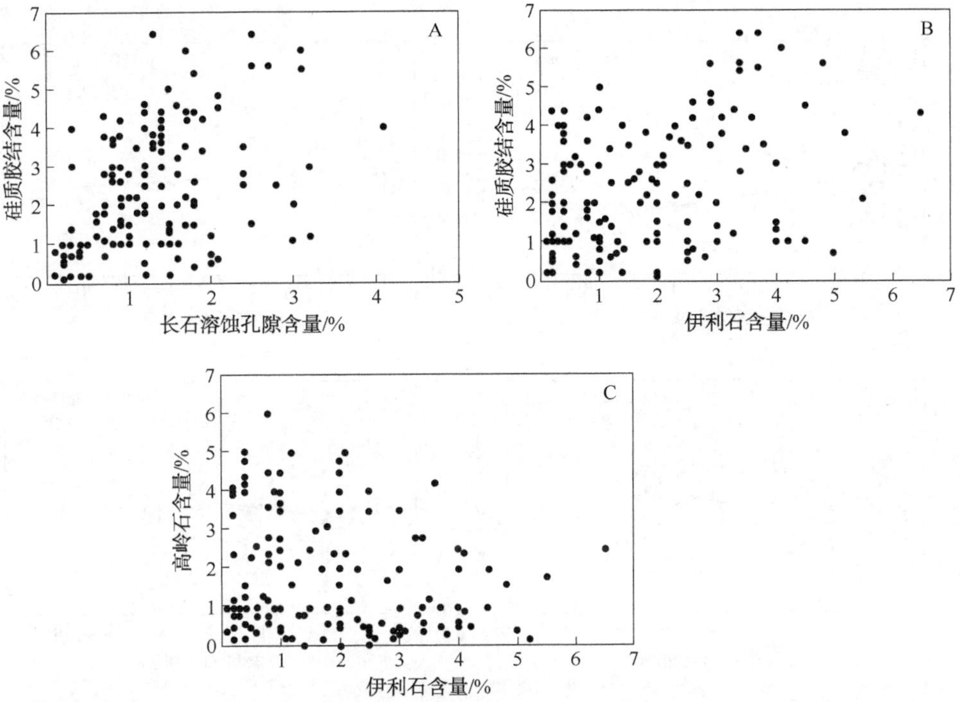

图 4.13　长 8 致密砂岩硅质胶结与长石溶蚀孔含量以及填隙物含量之间的相关性

通过以上分析可知，研究区致密砂岩中的硅质胶结以中期胶结为主，形成机理上主要是由蒙脱石向伊利石转化和长石溶蚀来提供硅质来源，沉淀形成次生加大边和充填粒间孔及长石溶蚀孔的自形他形石英，高岭石发生伊利石化所形成的石英胶结物占总含量比例较低。研究区硅质胶结含量与储层物性参数之间呈负相关关系(图 4.14A、图 4.14B)，硅质胶结无论是石英次生加大边还是填充孔隙空间的自形石英都会大量侵占储集空间，破坏储层渗流能力，尤其少量中晚期他形石英甚至会填充全部孔隙(图 4.9H)，且多见自形石英充填孔隙喉道，对渗流能力破坏较大。故研究区长 8 致密砂岩中的硅质胶结对储层物性起破坏作用。

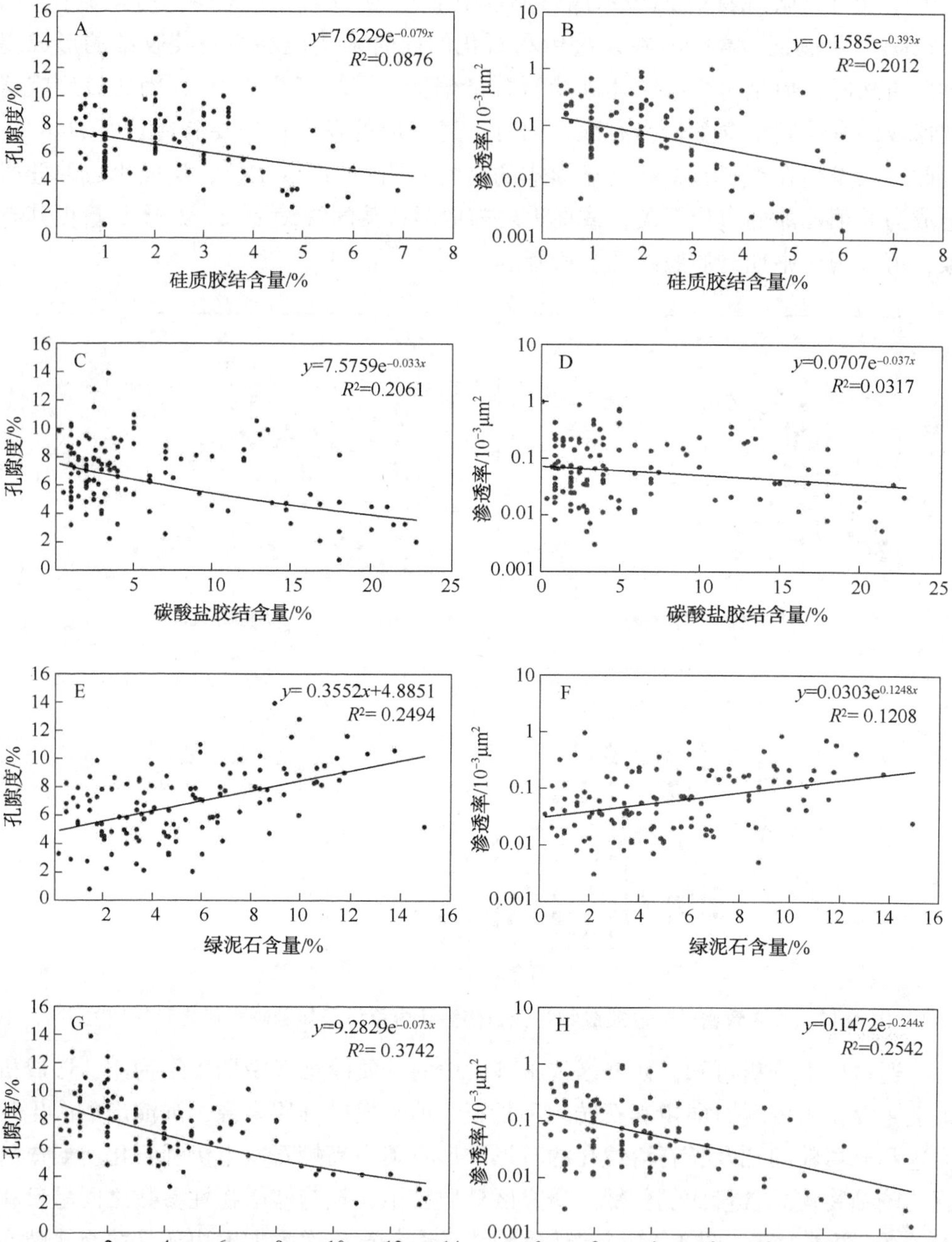

图 4.14　长 8 致密储层填隙物含量与物性参数相关关系图

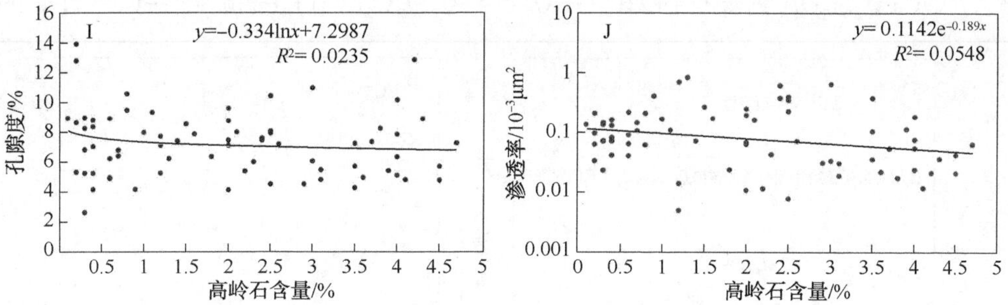

图 4.14　长 8 致密储层填隙物含量与物性参数相关关系图(续)

4.3.2.2　碳酸盐胶结

碳酸盐胶结在研究区较为普遍，是最主要的胶结物类型，主要以粒间胶结、交代或溶蚀孔中的填充物存在，成分以铁方解石和含铁方解石为主，平均含量达 5.1%。

通过前述碳酸盐胶结特征及形成温度测定，可知研究区碳酸盐胶结存在 3 期，且中晚期胶结占据主体地位。早期碳酸盐胶结以泥晶、微晶形式呈半基底式胶结，碎屑颗粒看似“漂浮”于胶结物中(图 3.2A)，表明其形成时间较早。一般在压实作用之前，它是由沉积水介质中的 $CaCO_3$ 在碱性条件下过饱和而沉淀形成的，由于当时的成岩环境开放程度高，成岩流体流通性好，因此只在相对细小的原生粒间孔中沉淀，但含量总体较低，加之后期遭受溶蚀、重结晶和交代作用，分布极为有限。

中晚期碳酸盐胶结成分主要为铁方解石和含铁方解石以及少量铁白云石，发育普遍，也是上文中利用微钻取样仪与碳氧同位素分析进行微区测温的目标样品。碳氧同位素中的 $\delta^{13}C$ 值可以指示碳来源，根据 Curtis 等(1978)提出的碳酸盐成因判识图版(Curtis，1978；Irwin et al.，1977)，研究区中晚期碳酸盐胶结中的碳主要来源于泥岩层中的有机质脱羧作用(图 4.15A)，其具体作用过程为在成岩温度达到 80℃时，泥岩中的有机质在演化过程中形成的有机酸基本被细菌破坏形成 CO_2 和 CH_4，随着分压的增高，含大量 HCO_3^- 和 CO_3^{2-} 的成岩流体由于压实作用被排出泥岩进入邻近砂岩层中为碳酸盐的形成提供物质来源(Hansley and Nuccio，1992)。研究区中期碳酸盐起始形成温度为 82.91℃(图 4.11)，与有机酸注入的时间具有对应性。铁方解石和铁白云石沉淀形成的另一个必要条件是成岩流体中必须有足够的 Ca^{2+}、Mg^{2+} 和 Fe^{2+} 供给。前述蒙脱石向伊利石转化过程中会释出大量 Ca^{2+}、Mg^{2+} 和 Fe^{3+}(Cama et al.，2000；Do Campo et al.，2010)，此外在有机酸注入后会造成斜长石溶蚀并释放出 Ca^{2+}(Clark，2015)，反应方程式如下：

$$CaAl_2Si_2O_8(\text{钙长石})+2H^++H_2O=\!=\!=Al_2Si_2O_5(OH)_4(\text{高岭石})+Ca^{2+} \quad (4.9)$$

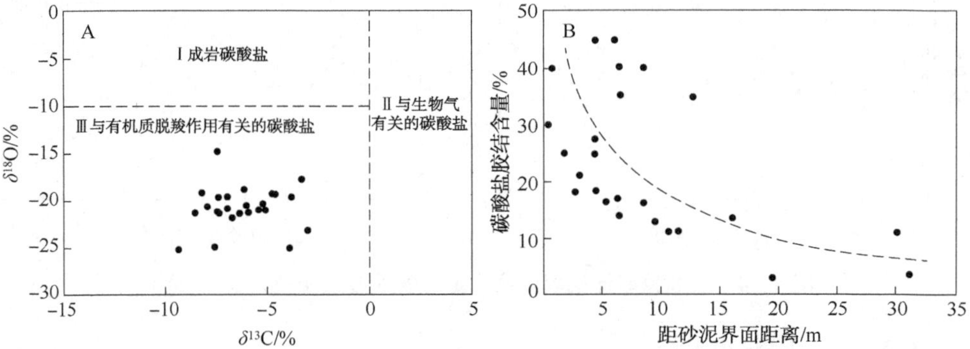

图 4.15　长 8 致密储层碳酸盐胶结碳氧同位素及含量分布特征

A：碳酸盐胶结碳氧同位素相关关系图(图版据 Curtis 等，1978)；B：碳酸盐胶结含量-样品距砂泥界面距离相关关系图

这两条反应路径会为碳酸盐胶结的形成提供充足的钙源和镁源，其中的 Fe^{3+} 会在有机酸的作用下被还原为 Fe^{2+}，且伴随着长石被溶蚀，成岩环境也完成由酸性向碱性转变，此时 CO_2 分压降低，有机羧酸与 Ca^{2+}、Mg^{2+} 以及 Fe^{2+} 结合形成含铁的碳酸盐矿物(李阳等，2018)。此外，砂岩层邻近泥岩中的蒙脱石在这一过程中也会向伊利石转变并释出 Mg^{2+}、Fe^{3+}，并与有机羧酸随成岩流体在压实作用下被排出泥岩(McHargue and Price，1982)。这使得砂泥界面处的离子浓度较高，并首先在此处沉淀形成碳酸盐胶结，有机羧酸因在此有所损耗，最终运输至砂岩中部的比例大大下降，即使砂岩中部存在大量的二价离子，但鉴于有机羧酸的含量偏低，最终形成的碳酸盐胶结含量会较砂泥界面低，并且距离砂泥界面越远，形成的碳酸盐胶结含量越低(图 4.15B)。上述全部反应过程涵盖了 82.91～130.78℃碳酸盐胶结的形成过程，组成了研究区碳酸盐胶结物的主体。当成岩系统温度和压力进一步升高，在有机羧酸作用下，早期碳酸盐胶结会发生溶解，为晚期碳酸盐胶结提供一部分无机碳源，并交代铁方解石形成阴极发光下呈现亮黄橙色的方解石和白云石环边(图 3.2E)。

碳酸盐胶结形成时的成岩流体盐度可以用 *Z* 值来定量判别，Keith 和 Weber (1964)给出了 *Z* 值的计算公式：

$$Z=2.048\times(\delta^{13}C+50)+0.498\times(\delta^{18}O+50) \quad (4.10)$$

Z 值大于 120、小于 120 和近似 120 分别代表碳酸盐胶结形成于海洋环境、淡水环境和两种环境的混合(Keith and Weber，1964)。研究区中晚期碳酸盐胶结 *Z* 值为 95.78～111.89，平均为 104.36(表 4.6)，表示碳酸盐胶结形成时的成岩流体为淡水性质。

通过以上分析可知，研究区碳酸盐胶结以中晚期的铁方解石、含铁方解石以及少量铁白云石为主，其形成物质主要来源于邻近泥岩夹层中的有机质脱羧作用、泥岩与砂岩层中的蒙脱石向伊利石转化和斜长石的溶蚀，赋存状态为充填剩余粒间孔和长石岩屑颗粒溶蚀孔。研究区碳酸盐体积分数与储层物性参数之间具有较好的负相关性(图 4.14C、图 4.14D)，当碳酸盐胶结含量大于 15%时，孔隙度会降至 3%~6%，渗透率会降至 $0.08\times10^{-3}\mu m^2$ 以下，此时储层基本完全被堵塞，渗流能力也几乎彻底丧失。总体来看，碳酸盐胶结是造成长 8 储层致密化的重要因素之一。

4.3.2.3 自生绿泥石

研究区长 8 储层中自生绿泥石主要呈颗粒环边包膜和孔隙填隙形式赋存，其中颗粒黏土膜占据主体地位，从测温结果来看，自生绿泥石形成温度范围较广(35.53~158.82℃)(表 4.4)，基本覆盖了早成岩 A 到中成岩 B 期的成岩作用阶段(图 4.11)，且测温点与 BSE 扫描电镜图像匹配结果显示，绿泥石包膜形成温度具有自颗粒表面向孔隙空间逐渐升高，绿泥石填隙的形成温度总体偏高的特点(图 4.5A~图 4.5D)。通过绿泥石电子探针实验可以对其成因类型和形成机理进行划分和解释，根据 Foster(1962)的绿泥石化学成分分类方案，研究区长 8 致密储层中的自生绿泥石主要为辉绿泥石和少量的铁叶绿泥石及铁镁绿泥石(图 4.16A)，且具有 Si^{4+} 含量高、R^{2+} 含量偏低、六次配位阳离子总数小于 6、R^{2+} 和六次配位阳离子总数随 Si^{4+} 含量的增大而减少(图 4.16B)(Wiewióra and Weiss, 1990)、Al^{IV} 含量小于 Al^{VI} 含量以及 Al^{VI} 含量随 Al^{IV} 含量增大而减小的特点(图 4.16C)，这与以往研究中的成岩绿泥石的特征具有一致性(Grigsby, 2001; Hillier and Velde, 1992)，因此可以判断本书中涉及的绿泥石包膜和填隙均属于成岩过程中形成的自生绿泥石。

前人相关研究通常认为自生绿泥石形成于存在铁镁供给的碱性环境，铁镁来源包括：①河流中溶解的 Fe^{3+}、Mg^{2+} 由于水体盐度的改变会发生絮凝沉淀(Baker et al., 2000)；②一些富镁铁的火山岩岩屑的水解、水化作用会释出一定 Mg^{2+}、Fe^{3+}(Bloch et al., 2002)；③砂岩邻近的泥岩夹层中蒙脱石向伊利石转化会释出 Fe^{3+}、Mg^{2+}，在压实作用下随孔隙流体排出进入砂岩(McHargue and Price, 1982)。研究区早期自生绿泥石形成温度起始于 35.53℃(图 4.11)，在早期成岩阶段较强的水动力条件和相对开放的孔隙空间条件下绿泥石无法直接沉淀形成黏土杂基，故只能吸附于颗粒表面形成一层薄膜，并且因为延长世鄂尔多斯湖盆水体总体为淡水-微咸水，河流在进入湖盆时不会发生较大的盐度变化，所以由河流带入的 Mg^{2+}、Fe^{3+} 发生絮凝沉淀的规模较为有限，因此早期绿泥石环边的

Mg^{2+}、Fe^{3+}主要由火山岩岩屑同生沉积阶段的风化作用和早期成岩阶段的水解作用所提供。

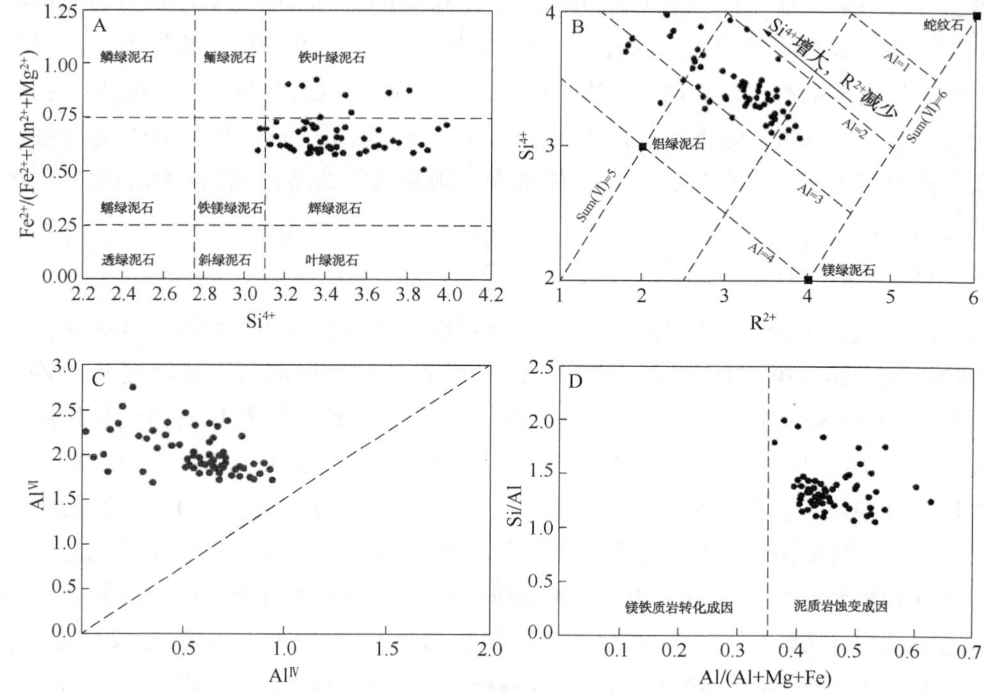

图 4.16 长 8 致密储层绿泥石成分分类及主要阳离子相关关系图

A：绿泥石成分分类图(图版据 Foster，1962)；B：绿泥石 R^{2+}与 Si^{4+}相关关系(图版据 Wiewióra 和 Weiss，1990)；C：绿泥石 Al^{IV}与 Al^{VI}相关关系；D：绿泥石 Al/(Al+Mg+Fe)与 Si/Al 相关关系

随着成岩体系温度的上升，在 60~65℃时蒙脱石开始向伊利石转化并持续释出镁、铁离子[式(4.5)]，绿泥石会以早期薄层环边为基础向孔隙生长，同时早期绿泥石环边也会发生溶解-重结晶作用并垂直颗粒表面继续向孔隙空间生长。显微镜和扫描电镜下可以看到部分绿泥石包膜呈现里层等厚环边结构和外层针状自生绿泥石的双层结构，并且绿泥石包膜从颗粒表面向外明显呈现出自形程度逐渐提高的特点(图 3.3A；图 4.12F)，均可以佐证从早期到中期绿泥石的形成模式。测温结果显示，绿泥石包膜从颗粒表面向外形成温度逐渐升高(图 4.5A、图 4.5B)，证明了自生绿泥石包膜连续生长的过程，同时由颗粒表面向外，Fe^{3+}、Mg^{2+}含量逐渐上升(表 4.4；图 4.17A)，说明在绿泥石膜生长过程中存在其他来源的 Mg^{2+}、Fe^{3+}供给。黑云母水解作用会释出一定量的 Fe^{3+}、Mg^{2+}和 K^+，而绿泥石包膜中的 K^+含量偏高并随与颗粒表面距离增加而下降(图 4.17B)，说明黑云母的确是自生绿泥石 Fe^{3+}、Mg^{2+}的供给者并主要在早成岩阶段发生水解。此外在

伊/蒙混层向伊利石转化过程中还会与钾长石反应直接生成绿泥石和石英[式(4.6)]，因此也常在镜下看到自生绿泥石膜表面附着自形石英晶体，而二者并无穿插或交代关系(图3.1B)。

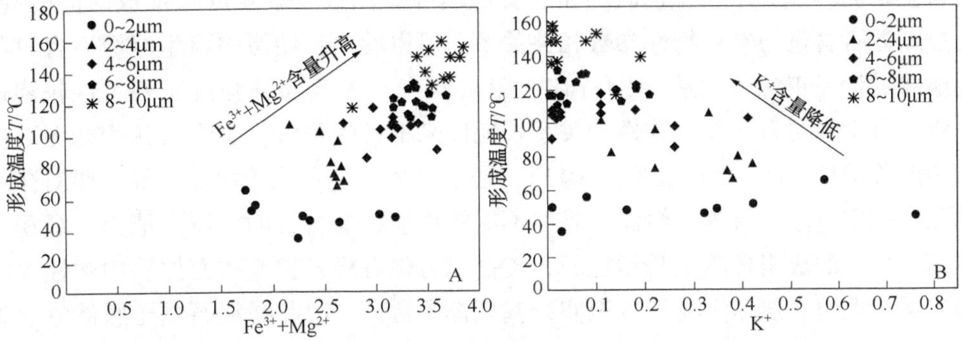

图4.17　长8致密储层绿泥石包膜不同厚度区间单位晶胞中阳离子数与形成温度相关关系图

A：绿泥石中 $Fe^{3+}+Mg^{2+}$ 与形成温度相关性；B：绿泥石中 K^+ 与形成温度相关性

成岩系统温度继续上升达80℃左右，砂岩邻近的泥岩夹层中的有机酸在压实作用下被排出开始进入砂体内部，而泥岩内蒙脱石转化为伊利石所形成的镁铁离子也随成岩流体一并进入砂岩，为绿泥石的继续生长提供物质来源，同时砂岩内部伊/蒙混层会继续向伊利石转化并与钾长石发生反应形成绿泥石[式(4.6)]。由于储层中的有机酸注入是一个持续性过程，因此绿泥石的生长会一直持续到中成岩B期。当成岩温度较高时，储层中成岩环境相对封闭的部分就容易沉淀形成绒球状、玫瑰花状绿泥石集合体充填孔隙(图3.3C)。另外，分析发现距离砂泥界面越远，砂岩中自生绿泥石含量越高(图4.18)，这与碳酸盐胶结恰好相反，推测是碳酸盐胶结在砂泥界面附近形成后一定程度地抑制了压实作用的发挥，使砂体中部粒间孔保存较好，为绿泥石的生长提供了空间。

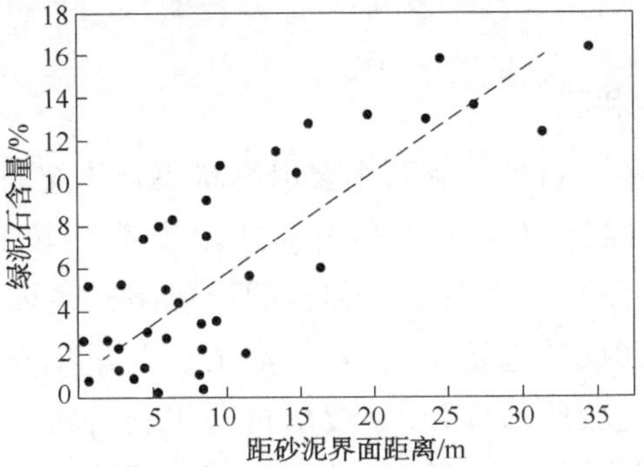

图4.18　长8致密储层绿泥石含量与样品距砂泥界面距离相关关系图

综上，自生绿泥石中的 Mg^{2+}、Fe^{3+} 主要来源于蒙脱石向伊/蒙混层再向伊利石的转化过程，这与自生绿泥石的 Al/(Al+Mg+Fe)值均大于 0.35(图 4.16D)，代表其由泥质岩(黏土矿物)蚀变形成的结论具有一致性(Zhao et al.，2007)，同时自生绿泥石以形成颗粒包膜为主，孔隙填隙绿泥石含量较低且形成时间较晚。通过绿泥石含量与储层物性参数相关关系图可以看出，储层中自生绿泥石含量与孔渗参数均呈正相关关系(图 4.14E、图 4.14F)，并且与孔隙度正相关性较渗透率强。自生绿泥石与储层物性的关系长期以来都备受争议，有学者认为绿泥石黏土膜能够保护孔隙(曲希玉等，2015)，通过分析，笔者认为绿泥石黏土膜对孔隙的保护作用有限。首先，绿泥石膜并不能够显著提高岩石的抗压实能力，绿泥石在高温高压的成岩环境下是塑性的，支撑能力很有限，长 8 致密储层中塑性火山岩岩屑和泥质岩屑压实变形甚至假杂基化都很常见，因此绿泥石黏土膜能够显著提高岩石的机械强度和抗压实能力的说法缺乏岩石学和矿物学方面的依据。其次，绿泥石包膜并不能抑制硅质的胶结，绿泥石与硅质胶结在形成时间上具有较大重合(图 4.11)，蒙脱石向伊利石转化能够同时形成绿泥石和石英，并且储层中产生 Si^{4+} 的化学反应进行时间较长，成岩流体中硅过饱和即使不形成石英次生加大边，也会在孔隙空间形成自形石英晶体，在镜下也可以观察到大量绿泥石膜与自形石英共生的现象(图 4.9C、图 4.12B)。从赋存状态来看，绿泥石膜和绿泥石填隙都会挤占孔隙空间、堵塞喉道，其表面较为粗糙也会显著降低储层渗流能力。但绿泥石包膜发育的砂体物性普遍相对较好，笔者认为这是由自生绿泥石较为发育的砂体沉积学和岩石学特点所决定的，绿泥石主要发育于三角洲前缘的水下分流河道和河口坝(图 3.4)，这些区域的砂体本身结构成熟度高，压实作用影响小，粒间孔保存多，在成岩过程中也有利于酸性流体运移形成溶蚀孔和搬运溶解物质来提高储层物性。因此，在强水动力条件下沉积的砂体本身物性好，更容易形成自生绿泥石，而绿泥石包膜的存在对于储层孔隙的保护作用则较为有限。

4.3.2.4 自生伊利石

研究区长 8 储层中的自生伊利石主要以网状集合体充填于孔隙，少量以绒毛状包膜覆盖粒表，测温结果显示伊利石形成温度范围较宽(71.41～157.08℃)(图 4.11)，仅次于绿泥石。研究区伊利石的形成路径主要有蒙脱石转化和高岭石转化，早期伊利石形成的起始温度为 71.41℃，与早期石英次生加大边的形成时间具有对应性，都是蒙脱石向伊/蒙混层再向伊利石转化的结果。而当成岩温度达到 120℃时，高岭石会向伊利石转化，反应过程如式(4.8)所示，但长 8 储层高岭石含量较低，镜下观察到的高岭石伊利石化现象也较有限，因此研究区的自生伊利石主要来自蒙脱石的转化，高岭石的伊利石化作用仅在成岩环境温度较高且进入碱性条件后才发生，可被视为少量晚期伊利石的形成来源。储层自生伊利石含量与物性参数间呈明显负相关关系(图4.14G、图4.14H)，伊利石以丝发状、蜂窝状充填孔隙，将原本较大的孔喉分割成大量的微细孔喉，使孔喉的弯曲程度变高，增加了流体通过的阻力，也堵塞了孔隙空间，对储层物性尤其是渗透率起破坏作用，也是造成储层致密化的重要因素之一。

4.3.2.5 自生高岭石

研究区高岭石总体含量较低，平均仅为0.4%。本书没有给出自生高岭石的精确形成温度数据，但根据镜下矿物接触关系和其他填隙物的形成温度可以大致判断其形成时间和机理。研究区自生高岭石主要由长石颗粒和含有长石的火山岩岩屑在酸性环境下溶蚀形成，反应过程除前述钾长石和钙长石的溶蚀外[式(4.7)、式(4.9)]，钠长石也可以溶蚀形成高岭石，反应方程式如下：

$$2NaAlSi_3O_8(\text{钠长石})+2H^++H_2O = Al_2Si_2O_5(OH)_4(\text{高岭石})+4SiO_2(\text{石英})+2Na^+ \tag{4.11}$$

当搬移距离较近时，高岭石会形成于长石溶蚀后的孔隙中(图3.3K)；当经过相对长距离搬运后，高岭石则赋存于粒间孔隙或附着于颗粒表面(图3.3J、图4.12C)。自生高岭石在酸性环境下较稳定，当成岩系统转为碱性且温度较高时(120℃)将会向伊利石转化(Bjørlykke and Jahren, 2012)。研究区长8储层自生高岭石含量与孔隙度没有明显相关性，与渗透率呈极弱的负相关关系(图4.14I、图4.14J)，从高岭石赋存特征来看其会挤占孔隙空间，降低储层渗流能力，但因为高岭石的形成时间与长石溶蚀和石英胶结具有重合，因此其对储层物性的影响较为复杂，综合来看，研究区自生高岭石对储层物性起破坏作用，但影响程度极小。

第5章

填隙物与储层孔隙演化、烃类充注过程的耦合关系

在明确了填隙物的充填顺序、形成机理及对储层物性的影响后，为了进一步厘清在储层致密化过程和油气充注过程中填隙物的动态影响，确定成岩演化过程中关键节点储层致密化和油气充注特征的匹配关系，最终明确填隙物充填序列与储层致密、成藏史的动态耦合关系。本章对研究区长8致密砂岩储层的孔隙演化过程、烃类充注过程进行了细致定量反演，结合填隙物动态演化过程对三者间的耦合关系进行了深入探讨，从而为有利勘探储层优选，致密砂岩油藏高效勘探开发提供重要的理论指导。

5.1 储层致密化过程与机理分析

5.1.1 储层孔隙演化过程定量分析

5.1.1.1 孔隙度演化定量计算模型

成岩作用过程对储层物性演化和致密化过程具有极其重要的影响，定量恢复储层的孔隙度演化过程是研究其致密史的重要环节。储层物性参数分析和薄片鉴定统计可以为此提供依据，研究区成岩过程大致为压实作用、胶结作用、溶蚀作用。孔喉系统中晶间孔和微裂缝不太发育，可忽略不计，因此通过薄片镜下定量统计样品胶结物含量、粒间孔面孔率、溶蚀孔面孔率、胶结物溶蚀孔面孔率及总面孔率，结合样品现今实测孔隙度和分选系数，就可以利用回剥法对储层在各成岩作用阶段的古孔隙度进行恢复(王瑞飞、沈平平、赵良金，2011)。首先要对长8致密砂岩埋藏初期的原始孔隙度(Φ_0)进行恢复，依据Beard和Weyl(1973)提出的对于大球体颗粒原始孔隙度经验公式来计算：

$$\Phi_0 = 20.91 + 22.90/S_0 \tag{5.1}$$

$$S_0=\sqrt{\frac{P_{25}}{P_{75}}} \tag{5.2}$$

式中，Φ_0为原始孔隙度，S_0为 Trask 分选系数，P_{25}和 P_{75}分别是粒度概率累计曲线上 25%处和 75%处对应的颗粒直径。

得到储层样品原始孔隙度后，本书继续采用王瑞飞等(2011)提出的孔隙度定量演化计算公式来对各成岩阶段的古孔隙度进行恢复。

（1）压实减孔作用：

$$\Phi_1=C_t+[(\Phi_{pm}+\Phi_{ca})\Phi_p/\Phi_t] \tag{5.3}$$

式中，Φ_1是压实后残余孔隙度，C_t是胶结物总含量，Φ_{pm}是粒间孔面孔率，Φ_{ca}是胶结物溶蚀孔面孔率，Φ_p是样品实测孔隙度，Φ_t是总面孔率。

（2）胶结减孔作用：

$$\Phi_2=(\Phi_{pm}/\Phi_t)\cdot\Phi_p \tag{5.4}$$

式中，Φ_2 为压实、胶结后残余孔隙度，其他参数含义同上。

（3）溶蚀增孔作用：

$$\Phi_3=(\Phi_d/\Phi_t)\cdot\Phi_p \tag{5.5}$$

式中，Φ_3 为溶蚀后增加的孔隙度，Φ_d 为溶蚀孔面孔率，其他参数含义同上。

选取研究区 22 个典型致密砂岩样品进行粒度分析、综合薄片镜下统计以及孔隙度测定，部分样品特征参数列于表 5.1。

表 5.1　长 8 致密砂岩部分典型样品孔隙度演化参数统计

井号	深度/m	S_0	Φ_0/%	C_c/%	C_q/%	C_{ch}/%	C_{ka}/%	C_l/%	C_t/%	Φ_t/%	Φ_{pm}/%	Φ_d/%	Φ_{ca}/%	Φ_p/%
B215	2193.00	1.3321	38.10	10.70	2.80	3.50	0.10	2.70	19.80	5.80	3.20	2.60	0.10	9.02
Z37	1822.90	1.3264	38.17	5.80	2.50	0.30	0.60	2.70	11.90	6.30	4.90	1.40	0.00	8.57
H62	2632.92	1.3214	38.24	4.70	1.50	2.80	0.00	1.50	10.50	5.20	3.10	2.10	0.10	6.84
H64	2439.30	1.3924	37.36	3.20	0.40	9.20	0.10	1.60	14.50	4.90	3.10	1.80	0.20	8.11
M13	2573.29	1.3921	37.36	2.50	1.20	8.50	0.00	1.00	13.20	3.10	1.20	1.90	0.00	7.69
B262	2150.24	1.2934	38.62	3.80	1.50	5.10	0.40	0.20	11.00	3.60	1.60	2.00	0.00	7.38
Z64	2266.20	1.2834	38.75	2.70	1.30	4.20	0.10	0.80	9.10	5.70	4.50	1.20	0.00	8.95
W66	2047.90	1.3934	37.34	4.00	0.50	6.00	0.40	4.00	14.90	4.50	3.50	1.00	0.10	9.68
X83	1981.20	1.4021	37.24	1.50	1.50	0.50	0.20	4.50	8.20	3.20	2.10	1.10	0.00	6.56
H1	2509.10	1.4026	37.24	2.50	3.00	3.50	0.00	2.50	11.50	4.50	4.00	0.50	0.20	5.19
计算取值		1.3367	38.06	4.33	2.03	2.95	0.24	2.24	11.79	4.60	3.01	1.59	0.12	7.97

注：S_0—分选系数；Φ_0—原始孔隙度；C_c—碳酸盐胶结含量；C_q—硅质胶结含量；C_{ch}—绿泥石含量；C_{ka}—高岭石含量；C_l—伊利石含量；C_t—胶结物总含量；Φ_t—总面孔率；Φ_{pm}—粒间孔面孔率；Φ_d—溶蚀孔面孔率；Φ_{ca}—胶结物溶蚀孔面孔率；Φ_p—样品实测孔隙度。

5.1.1.2 孔隙度演化定量计算结果

通过表 5.1 可知，研究区 22 个典型样品的分选系数(S_0)为 1.2834~1.4026，平均为 1.3367，计算得到的原始孔隙度(Φ_0)为 37.24%~38.75%，平均为 38.06%，因此研究区长 8 致密砂岩储层的原始孔隙度(Φ_0)取 38.06%。

利用相关计算公式，结合储层相应特征参数，最终计算出研究区成岩作用导致的孔隙度损失和增加量。压实后残余孔隙度(Φ_1)为 17.21%，压实作用损失孔隙度为 20.85%，孔隙度损失率达 54.77%，可见压实作用对原始孔隙度具有极大损害性，是造成储层致密的重要原因。

压实、胶结后残余孔隙度(Φ_2)为 5.22%，胶结作用损失孔隙度为 12.00%，造成孔隙度损失率为 31.52%，胶结作用造成的孔隙度损失小于压实作用，但是，经过胶结作用储层物性进入致密级别，因此胶结作用也是造成储层致密的决定性因素。

溶蚀增加孔隙度(Φ_3)为 2.75%，增孔量为 7.23%。研究区溶蚀孔主要由长石和岩屑颗粒溶蚀形成，胶结物溶孔发育较少，总体来看，溶蚀作用为储层增加的孔隙度较为有限，但对物性改善仍有积极意义。

5.1.1.3 孔隙定量演化分析

将储层孔隙度演化定量计算结果与成岩作用阶段和过程相结合，得到了研究区长 8 致密砂岩储层成岩过程与孔隙度演化示意图(图 5.1)。结合第 4 章填隙物形成机理部分的内容来看，在早成岩阶段，早期自生绿泥石以薄层的绿泥石环边为主，形成物质主要来源于富镁铁离子的孔隙水絮凝沉淀和火山岩岩屑的部分风化、水解作用，绿泥石黏土膜本身形成于粒间孔较发育的部位，其对储层孔隙度有一定减小作用，但因其含量较低，且会一定程度地抑制石英次生加大边的发育，所以对储层总体储集性能影响较小；早期的泥晶方解石胶结含量偏低，在后期成岩改造过程中还会受有机酸的影响而溶蚀，对孔隙度影响较小；早期石英次生加大边因为有绿泥石环边和少量伊利石包膜的存在发育较为有限，且其形成物质还主要来源于不稳定硅酸盐矿物的早期风化，蒙脱石在此时的转化程度还较为有限，故这一阶段的石英胶结含量也较低，对储层孔隙度影响较小；早期伊利石主要是由蒙脱石黏土膜向伊/蒙混层再向伊利石转化而来，并主要为颗粒环边，总体含量较低，同时会像绿泥石环边一样抑制石英次生加大，对储层孔隙度有一定减小作用，但影响较小。所以，在早成岩阶段，压实作用是孔隙度降低的主导因素。

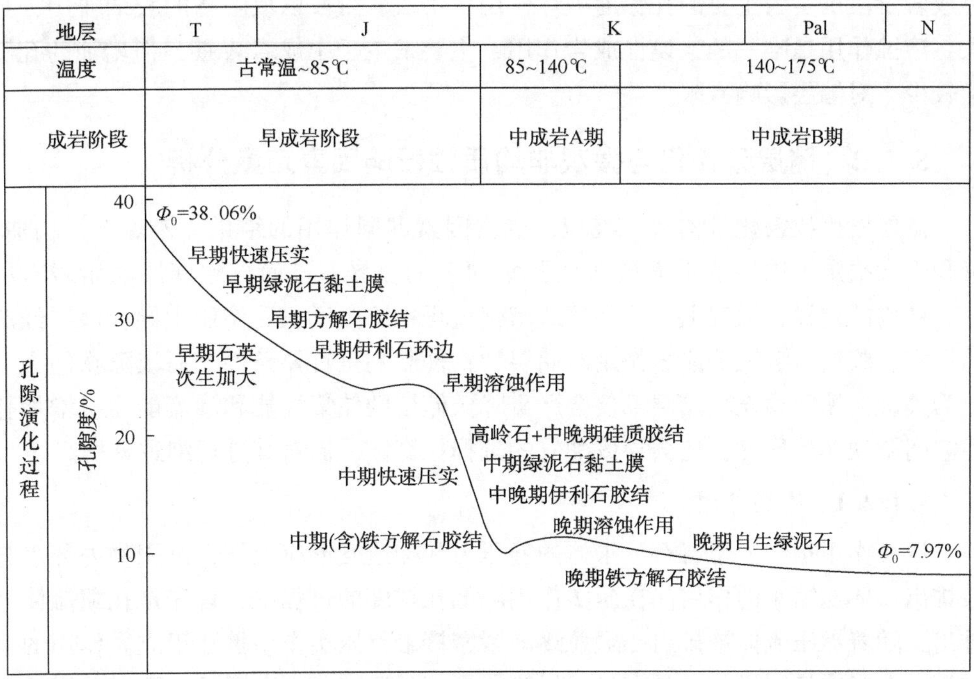

图 5.1　鄂尔多斯盆地长 8 致密砂岩孔隙度演化示意图

中成岩阶段 A 期，随着有机质的逐渐成熟，释放出大量有机酸，对储层进行成岩改造，使成岩环境暂时转为酸性，伴随长石、岩屑颗粒的溶蚀，中晚期硅质胶结和高岭石开始形成，硅质胶结除石英次生加大边的继续生长外，还会在孔隙空间形成自形石英晶体，本期硅质胶结含量居总含量的主体地位；高岭石也会充填于颗粒溶蚀孔和粒间孔；伴随有机酸浓度降低和成岩流体中的 Fe^{3+} 被还原为 Fe^{2+}，成岩环境过渡为碱性，中期自生绿泥石和中晚期自生伊利石继续生长，绿泥石仍以颗粒包膜继续生长，伊利石则开始以孔喉充填形式出现，中期(含)铁方解石也开始结晶沉淀充填粒间孔。在烃类持续充注过程中，有机酸会被带入成岩流体中，在储层局部由碱性再次转变为酸性环境造成部分碳酸盐胶结的溶蚀。该成岩阶段中，压实作用接近结束，填隙物开始大量形成，且本阶段中大部分形成的填隙物含量均为各自总含量中的主体，因此该成岩阶段以填隙物的充填减孔为最主要的储层孔隙度改造方式。

在中成岩 A 晚期到中成岩 B 期，储层中主要为晚期铁方解石和晚期自生绿泥石的继续生长，晚期铁方解石会进一步充填孔隙，晚期绿泥石也会以填隙形式占据孔隙空间，但总体来说，晚期胶结物形成含量较少，且此时部分储集空间已经进入致密阶段，因此该成岩阶段对储层孔隙度和含油性条件影响不大。综上，早成岩阶段压实为主要的孔隙度破坏作用，中成岩阶段以填隙物的胶结作用为最大。溶蚀作用是唯一的建设性成岩作用，主要发生于中成岩 A 期，但增加的孔隙量较少，对储层影响有限。

5.1.2 储层致密化与微观非均质性影响因素定量分析

储层发生致密化是构造、沉积、成岩因素共同作用的结果。宏观上，构造、沉积因素决定了储层的平面展布以及垂向上的差异，进而导致储层原始岩石组分、结构的差异；微观上，储层的致密化过程主要由沉积后作用主导，储层经历的压实、胶结、溶蚀等成岩作用对储层的物性影响是首要条件，而填隙物的充填更为关键，填隙物充填储层不仅会严重降低储层的储集性能和渗流能力，增加孔隙空间微观非均质性，还会导致油气的选择性充注，需对其进行细致分析。

5.1.2.1 压实作用

压实作用指在上覆岩石、水体的静压力和构造变形应力下，沉积物内部水分被排出、体积缩小的作用。在压实作用降低孔隙度的过程中，首先是孔隙流体被排出，随着承压流体被排出，颗粒逐渐紧密接触。压实作用贯穿于成岩作用的全过程，但影响最明显的还是在早成岩阶段颗粒的压实。研究区长 8 致密砂岩储层压实后残余孔隙度为 9.91%~24.93%，平均为 17.21%；压实作用损失孔隙度为 13.17%~27.56%，平均为 20.85%(图 5.2)；压实损失孔隙率为 34.56%~73.55%，平均为 54.77%。压实作用损失孔隙率分布较宽，最高可达 70%，可见早成岩阶段的压实作用不仅是导致储层致密的关键因素之一，也是造成储层物性差异和非均质性的首要因素。

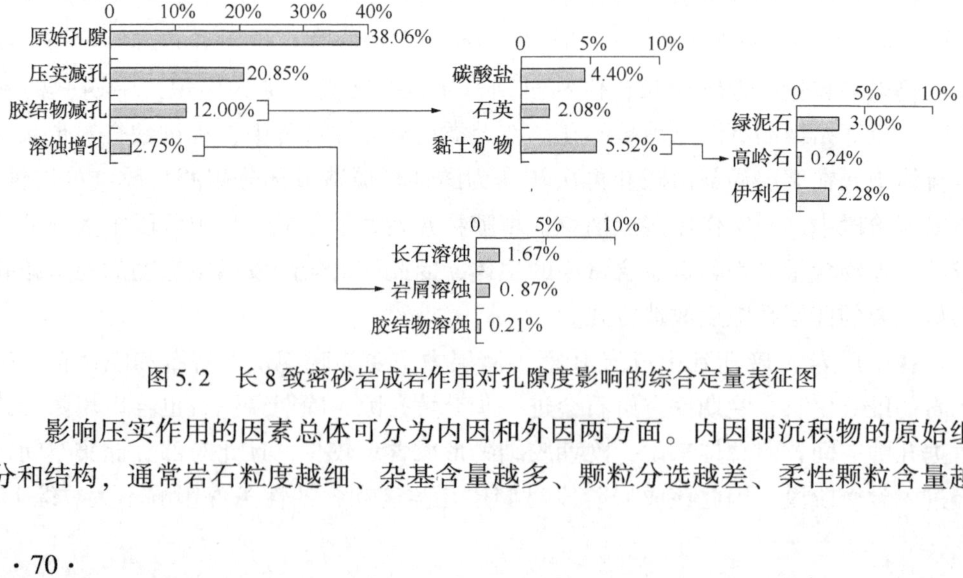

图 5.2 长 8 致密砂岩成岩作用对孔隙度影响的综合定量表征图

影响压实作用的因素总体可分为内因和外因两方面。内因即沉积物的原始组分和结构，通常岩石粒度越细、杂基含量越多、颗粒分选越差、柔性颗粒含量越多，则压实作用越强，即成分成熟度和结构成熟度越低，压实作用越强。研究区以中砂岩为主，分选中等到好，压实作用强度主要受储层原始组分控制，即刚性颗粒与塑性颗粒的相对含量，长8储层样品中石英颗粒含量与粒间孔隙体积呈正相关(图5.3A)，而长石与岩屑颗粒含量则与粒间孔隙体积呈负相关(图5.3B、图5.3C)，这是由于石英颗粒刚性强度较大，长石与岩屑颗粒本身抗压能力较差，在受到早期溶解后更易发生塑性变形。外因包括：①沉积物的埋藏深度和埋藏时间。显然沉积物埋藏越深、埋藏时间越长，压实作用越强。②储层中超压孔隙水的形成和形成时间的早晚。超压孔隙水能有效抵抗压实作用，形成时间越早，对孔隙保护越好。③有无早期胶结物。早期胶结物的形成能降低压实作用强度。长8储层样品埋藏深度与时间差别不大，在压实作用最强烈的早成岩阶段成岩环境也较开放，成岩流体流动性较好，储层中早期胶结物包括少量自生绿泥石黏土膜和泥晶方解石，前文通过分析得知绿泥石环边对压实作用的缓解程度非常有限，早期泥晶方解石的确会一定程度地减弱压实作用强度，但长8储层样品中早期方解石含量较低，因此其作用同样较为有限。综上，压实作用对储层的孔隙度的破坏主要集中于早成岩阶段，压实作用后不同样品间的物性差异主要是由原始组分中石英颗粒含量、长石与岩屑颗粒含量的差异所导致的。

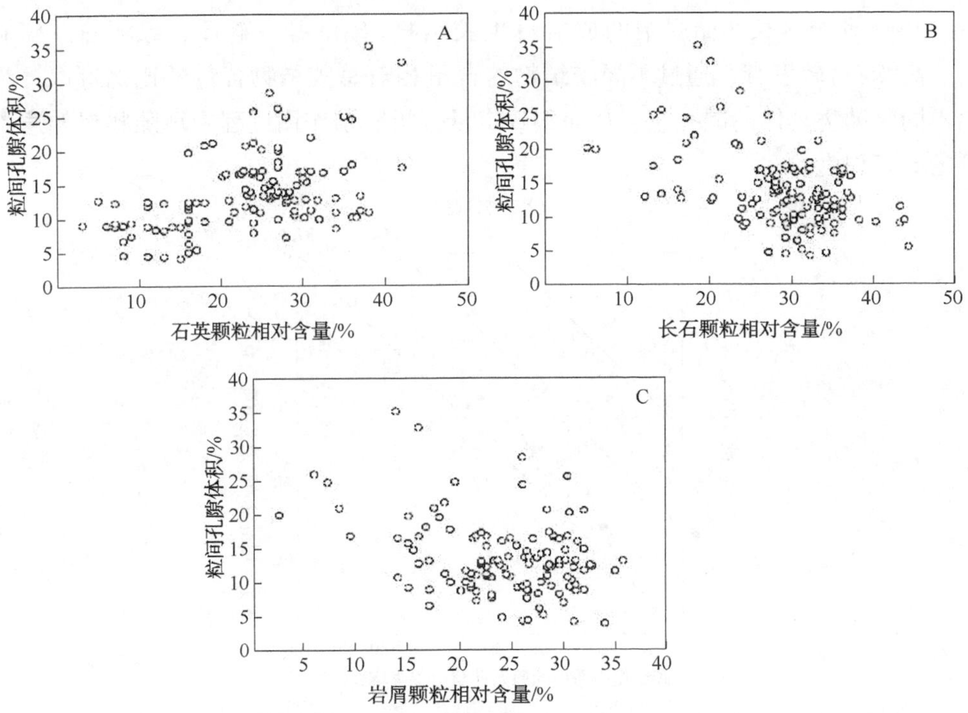

图5.3　鄂尔多斯盆地长8致密砂岩岩石碎屑含量与粒间孔隙体积相关性

5.1.2.2 胶结作用

压实作用和胶结作用是成岩作用过程中造成储层物性降低的两种最主要的因素，机械压实作用会使沉积物的粒间体积不可逆地减小，胶结作用只侵占孔隙空间，而不减小粒间体积。这两种成岩作用共存并相互制约，若压实作用发展较快，孔渗参数就会急剧下降，成岩流体流动性减弱，胶结作用就不会太发育。反之，胶结作用进行得快，颗粒之间的支撑强度就会显著提高，压实作用会受阻，而一旦孔隙流体与岩石之间的平衡被破坏，自生胶结物会被溶解而再次成为孔隙。胶结作用对岩石物性的影响最主要表现在对渗透率的降低，因为胶结作用会直接分割、充填孔隙空间并减小孔隙大小。

通过粒间孔隙体积分数与胶结物含量相关图可以看出(图 5.4)，研究区储层压实作用对孔隙度的破坏明显大于胶结作用。但经历压实作用后储层孔隙度普遍处于较高的水平，而在胶结作用过程中储层物性则经历了从常规到致密的转变，同时还伴随烃类充注进入孔隙空间，因此胶结作用过程不仅是造成储层致密化的重要因素，也是储层致密史与成藏史耦合的关键阶段。研究区长 8 致密砂岩胶结作用残余孔隙度为 2.38%～7.53%，平均 5.22%；胶结作用损失孔隙度为 7.00%～19.96%，平均 12.00%；胶结作用损失孔隙率为 17.92%～52.38%，平均 31.52%。研究区长 8 储层中的成岩自生胶结物(碳酸盐、硅质、绿泥石、伊利石、高岭石)较发育，通过不同胶结物的含量相对总胶结物含量的比例可以计算出不同胶结物具体的减孔量，从而细致定量分析胶结作用过程中填隙物对储层物性的破坏程度。

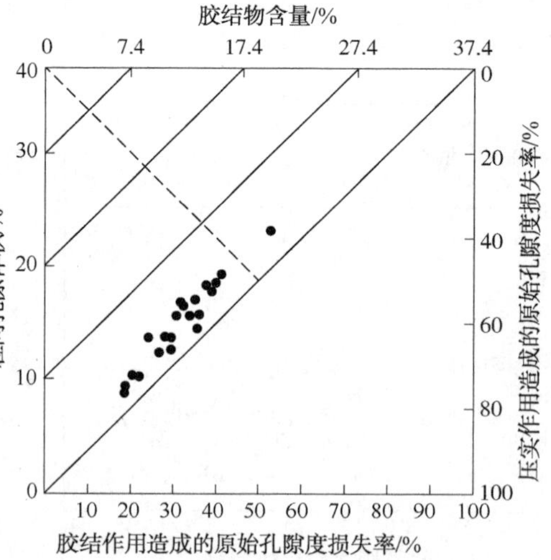

图 5.4 长 8 致密砂岩储层粒间孔隙体积与胶结物含量相关图(据 Houseknecht，1987)

碳酸盐胶结物减孔量为1.31%~10.78%，平均4.40%(图5.2)，结合前述碳酸盐胶结发育特征的形成机理，对储层孔隙度破坏作用最强的主要是中晚期(含)铁方解石，通常在砂体外侧相对集中分布，在砂泥岩界面附近的砂体中充填孔隙形成一定的阻隔层，严重降低储层储集性能的同时也造成砂体中部和顶底部位的非均质，但碳酸盐隔层对于砂体中部抵抗压实作用和延长酸性成岩环境具有一定的积极作用。硅质胶结减孔量为0.20%~8.20%，平均2.08%(图5.2)，硅质胶结的主体为有机酸注入后石英次生加大边的继续生长和充填孔隙的自形石英晶体，主要对储层的储集性能起破坏作用。自生绿泥石的减孔量为0.30%~9.41%，平均3.00%(图5.2)，研究区储层绿泥石主要为颗粒包膜，仅在晚期形成少量填隙绿泥石，如前所述，绿泥石对增加颗粒抗压实能力的作用极为有限，虽然能一定程度地抑制石英次生加大，但自身也会挤占孔隙空间和增加储层非均质性，因此对储层物性具有破坏作用，只是其生长需要较为开放的孔隙空间，因此其发育可以视作储层物性较好的标志。伊利石减孔量为0.20%~6.16%，平均2.28%(图5.2)，伊利石主要形成于第一次溶蚀后，当成岩环境再次转为碱性的时候，它会充填孔隙喉道，不仅严重挤压储集空间，还会导致渗流能力恶化和孔隙空间非均质化，对储层物性破坏较大。高岭石减孔量为0~1.00%，平均0.24%(图5.2)，高岭石形成和保存于酸性环境，在碱性环境下会转化为伊利石或绿泥石，因此高岭石虽然会充填粒间孔隙，但其存在一般指示局部酸性成岩环境，伴随储层含油或经历长石溶蚀，会改善储层物性。

综上，胶结作用是造成储层由常规物性级别进入致密级别的关键作用过程，各类成岩自生胶结物均会造成储层孔隙度的降低，尽管以上给出了各类胶结物具体的孔隙度减少量，但更重要的是在孔隙演化过程中和烃类注入的过程中储层何时进入致密级别，即胶结物的动态减孔过程和减孔量的确定，具体在下文进一步讨论。

5.1.2.3 溶蚀作用

研究区致密砂岩储层中溶蚀作用增加孔隙度为0.58%~5.07%，平均2.75%(图5.2)，溶蚀增加孔隙率为1.55%~13.54%，平均7.23%。储层中溶蚀孔隙类型包括长石、岩屑和胶结物颗粒溶蚀粒间孔和粒内孔，通过各自体积分数占总溶蚀孔体积分数的比例可以计算出各溶蚀孔类型的具体增加孔隙度数量，长石溶蚀增孔量为0.23%~3.97%，平均1.67%；岩屑溶蚀增孔量为0.12%~1.90%，平均0.87%；胶结物溶蚀增孔量为0~0.71%，平均0.21%(图5.2)。长石和岩屑颗粒溶蚀发生时间相对较早，通常自早成岩阶段就已开始，至有机酸流体注入储层后达到高峰，基本发生于储层进入致密级别之前，而胶结物溶蚀发生时间较晚，一般在中成岩A晚期阶段酸性成岩流体作用下发生，此时储层基本已经致密化。总体上，溶蚀作用延缓了储层的致密化过程。

5.2 储层烃类赋存状态与充注时序分析

在长8致密砂岩储层致密过程和机理定量分析的基础上，为了阐明填隙物与储层致密史、成藏史的动态耦合关系，还需确定储层中的烃类赋存状态和充注过程，从而厘定主要成岩事件与油气充注过程的时空匹配关系，并定量分析在致密、成藏过程的关键时间节点上储层的物性条件，最终确定致密砂岩油藏的演化过程和成因类型。

5.2.1 烃类赋存状态分析

致密砂岩储层中烃类的赋存特征研究可以揭示烃类来源、成熟度演化以及充注过程，并为确定油气充注与成岩事件的先后时间顺序提供重要参考。烃类的分步抽提是一种创新的分析技术，其理论基础为在烃类的持续运移和充注过程中，伴随着成岩作用的进行会在储层中形成不同赋存状态的烃类(Pan et al.，2003)。因此，通过分步抽提可以精细划分不同赋存状态的烃类和研究其化学成分差异，进而反演储层的油气充注过程。

5.2.1.1 实验样品与步骤

本书在77个含油砂岩样品的薄片鉴定基础上，选取4个含油性较好的样品进行储层残余烃的分步抽提，样品的基本信息列于表5.2中，平均孔隙度和渗透率分别为7.09%和$0.1\times10^{-3}\mu m^2$。

表5.2 烃类分步抽提样品基础信息

样品号	深度/m	渗透率/$10^{-3}\mu m^2$	孔隙度/%
HJ1	2414.62	0.03	6.27
HJ2	2371.50	0.18	7.65
HJ3	2412.92	0.13	9.06
HJ4	2372.70	0.04	5.36

不同赋存状态烃类分步抽提的具体实验步骤：首先，每个含油砂岩样品均被粉碎为0.5~1.5cm的块状或片状，并进行索氏抽提，这一步被抽提出的烃为开放孔隙空间中的烃类，命名为游离烃；其次，将砂岩样品在显微镜观察辅助下控制颗粒尺寸进一步粉碎为矿物单颗粒(0.1~0.3mm)并进行抽提，这一步抽提获

得的烃类是储层非连通孔隙或吸附于颗粒表面的烃类，命名为封闭烃；再次，用6%的盐酸溶液处理上一步的单颗粒矿物，使碳酸盐胶结物被完全溶蚀，并继续进行索氏抽提，得到碳酸盐胶结物中的烃类，即胶结物烃；最后，将残余样品用蒸馏水冲洗至中性，再用重铬酸钾-浓硫酸溶液和双氧水处理，并利用索氏抽提至颗粒表面没有任何烃类残余，然后将颗粒在二氯甲烷-甲醇(体积比为10∶1)溶液中研磨至极细粉末并抽提，得到单矿物颗粒如长石和石英颗粒包裹体中的烃类，即包裹体烃。所有步骤均使用二氯甲烷-甲醇溶液配合索氏抽提来进行烃类抽提(除最后一步外)，以上4种赋存状态的烃类在溶剂完全蒸发后进行称重。

除胶结物烃和包裹体烃外，其他烃类通过正己烷溶液沉淀析出沥青质，然后利用柱色谱(硅胶-氧化铝体积比为4∶1)分离出饱和烃和芳香烃组分，接着通过气相色谱-质谱仪(GC-MS)分析这些烃类组分。

GC-MS分析采用安捷伦科技生产的HP6890N型气相色谱仪与HP5973型质谱联用仪。气相色谱实验条件：分离器为HP-5弹性石英毛细管柱(30m×0.25mm×0.25μm)，烘箱温度程序设定为从80℃(保持2min)以4℃/min的速率上升，在290℃保持30min，以高纯度氦气作为载气。质谱实验条件：以EI为离子源，电离温度为70eV，离子源温度为230℃。有机成分使用NIST08谱库识别鉴定。

5.2.1.2 不同赋存状态烃类含量及生物标记物特征

不同赋存状态烃类的含量和生物标记物参数列于表5.3中，结果显示游离烃含量远远大于另外三种烃类，游离烃的平均相对含量和平均绝对含量分别为91.38%和5.94mg/g，而封闭烃、胶结物烃以及包裹体烃的平均相对含量则分别为6.46%、0.77%和1.38%，三种烃类的平均绝对含量分别为0.42mg/g、0.05mg/g以及0.09mg/g。

多元烷烃是烃源岩和原油中的主要化学成分，其组成和碳数分布可以反映热演化程度、沉积环境和有机质类型。图5.5为HJ3样品不同赋存状态烃类的正构烷烃质量色谱图，可以看出均呈单峰分布。四种类型烃类的碳数分布范围为$C_{12}\sim C_{34}$，主峰碳则为$C_{13}\sim C_{25}$(表5.3)，游离烃、封闭烃、胶结物烃和包裹体烃的C_{21}^-/C_{22}^+平均分别为1.04、1.07、2.30和1.30(表5.3)，反映了长链正构烷烃基团在胶结物烃中呈绝对优势，在包裹体烃中呈弱优势，在游离烃和封闭烃中长短链正构烷烃则基本平衡。4种烃类的OEP($C_{23}\sim C_{27}$)分别平均为1.13、1.06、1.14和1.20(表5.3)，说明游离烃和封闭烃较其余烃类热成熟度稍高，P_r/nC_{17}与P_h/nC_{18}相关关系图显示4种烃类的母质类型主要是水生生物和高等植物的混合，形成环境为弱氧化-弱还原的过渡环境(图5.6A)。

表 5.3 长 8 致密砂岩储层中不同赋存状态烃类生物标记物参数

样品号	主峰碳数	碳数范围	P_r/P_h	P_r/nC_{17}	P_h/nC_{18}	OEP(C_{23}~C_{27})	nC_{21}^-/nC_{22}^+	MPI-1	R_c/%	烃类含量/(mg/g)	烃类类型
HJ1-1	C_{21}	C_{14}~C_{34}	0.49	0.16	0.18	1.13	0.79	0.88	0.93	5.94	游离烃
HJ2-1	C_{21}	C_{13}~C_{33}	0.46	0.10	0.16	1.18	1.33	0.83	0.90		
HJ3-1	C_{19}	C_{13}~C_{34}	0.79	0.16	0.15	1.16	1.35	0.84	0.90		
HJ4-1	C_{22}	C_{14}~C_{33}	0.46	0.17	0.19	1.06	0.68	0.69	0.82		
HJ1-2	C_{21}	C_{16}~C_{31}	0.79	0.50	0.39	1.10	0.83	0.58	0.75	0.42	封闭烃
HJ2-2	C_{21}	C_{15}~C_{31}	0.91	0.48	0.33	1.01	1.13	0.79	0.87		
HJ3-2	C_{21}	C_{14}~C_{32}	1.02	0.25	0.22	1.03	1.05	0.85	0.91		
HJ4-2	C_{20}	C_{14}~C_{31}	1.20	0.26	0.20	1.09	1.25	0.74	0.84		
HJ1-3	C_{13}	C_{12}~C_{32}	0.74	0.41	0.68	1.21	2.31	0.99	1.00	0.05	胶结物烃
HJ2-3	C_{20}	C_{13}~C_{33}	0.86	0.40	0.48	1.10	1.64	0.64	0.79		
HJ3-3	C_{16}	C_{13}~C_{33}	0.94	0.32	0.47	1.13	2.89	0.69	0.82		
HJ4-3	C_{16}	C_{13}~C_{33}	0.96	0.47	0.57	1.12	2.35	0.67	0.80		
HJ1-4	C_{23}	C_{15}~C_{32}	—	—	—	1.23	1.43	0.50	0.70	0.09	包裹体烃
HJ2-4	C_{25}	C_{15}~C_{34}	0.85	0.70	0.63	1.24	1.41	0.58	0.75		
HJ3-4	C_{24}	C_{16}~C_{32}	—	—	—	1.10	0.82	0.51	0.71		
HJ4-4	C_{20}	C_{14}~C_{32}	0.93	0.46	0.45	1.23	1.52	0.53	0.72		

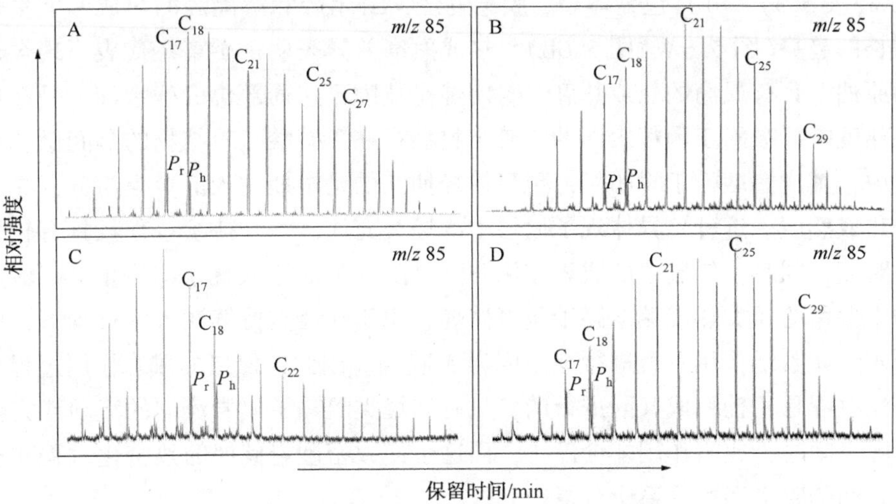

图 5.5　HJ3 样品游离烃、封闭烃、胶结物烃和包裹体烃的 *m/z* 85 质谱图

A：游离烃；B：封闭烃；C：胶结物烃；D：包裹体烃

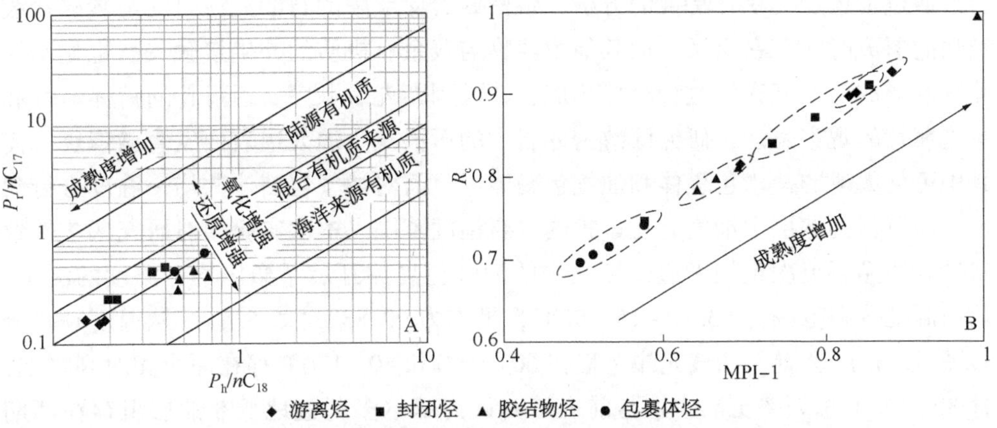

图 5.6　长 8 致密砂岩样品不同赋存状态烃类热成熟度示意图

A：P_r/nC_{17} 和 P_h/nC_{18} 相关关系；B：MPI-1 和 R_c 相关关系

致密砂岩储层中的石油是经过动态运移和聚集进入储层的，其热成熟度是不断变化的，因此通过研究不同赋存状态烃类的热成熟度特征可以反推在成岩作用背景下的烃类充注过程。利用甲基菲指数（MPI-1）与镜质体反射率（R_o）之间较强的相关性可以计算出镜质体反射率（R_c），计算公式如下（Radke et al.，1986）：

$$R_c = 0.6(\text{MPI-1}) + 0.4 (0.65\% < R_o < 1.35) \tag{5.6}$$

通过计算，4 个样品不同赋存状态烃类的 R_c 为 0.70%～1.00%，平均为

0.82%(表 5.3)，并且包裹体烃、胶结物烃、封闭烃和游离烃的热成熟度呈现依次增长的趋势(图 5.6A、图 5.6B)。热成熟度差异表明，游离烃代表了现今油藏中的原油，具有最高的热成熟度；封闭烃是孔隙不连通部位的残余油，是在偏低的成熟度阶段吸附于颗粒表面的；胶结物烃存在于碳酸盐胶结物的晶间微孔和微裂缝中，其成熟度低于封闭烃；包裹体烃捕获的是早期注入的烃类组分，具有最低的热成熟度。这种差异体现了储层中的烃类充注是一个持续过程且具有较长的时间跨度，同时，储层中的成岩作用并不是随烃类的注入就立即停止，碳酸盐胶结物中保留的烃类热成熟度高于包裹体烃，说明在烃类持续注入的背景下，储层中的碳酸盐胶结作用一直进行至中成岩 A 晚期。因此，储层的成岩作用过程与烃类充注过程是相辅相成共同进行的，只有当烃类阻隔了成岩流体的流动或完全占据孔隙空间时，成岩作用才会停止，而这也使致密砂岩储层的致密化过程和成藏过程之间的时空匹配关系十分复杂。

5.2.2 烃类充注时序分析

通过上述烃类赋存特征的分析，致密砂岩储层中的石油充注时间与碳酸盐胶结物的形成时间存在交叉，而其他填隙物与残余有机质的共生接触关系也显示填隙物的形成与油气充注过程相辅相成，较难判断先后顺序。通过普通铸体薄片和荧光薄片的观察发现，研究区致密砂岩中的石英次生加大边表面发育微裂纹，而其中可见大量的盐水包裹体和油气包裹体，只需对油气包裹体的均一温度进行测定，即可得到储层中油气充注过程的主要温度范围。本次实验共对研究区 7 件致密砂岩样品石英次生加大边微裂纹中的油气包裹体开展了微区均一温度的测定，均一温度分布范围为 53.90~156.90℃，平均为 90.83℃(表 5.4)。从温度频率分布图(图 5.7)上看，油气充注过程在 60~80℃和 80~120℃存在两个相对高峰期，且 80~120℃总频率更高，这与前人研究认为鄂尔多斯盆地长 8 油层组存在两期油气充注且 80~120℃为主力充注期的结论具有一致性(付金华等，2017；罗春艳等，2014)。

表 5.4 硅质胶结微裂纹中油气包裹体均一温度实验结果

样品号	深度/m	T_h/℃	样品号	深度/m	T_h/℃
B417-38-01	2236.3	62.90	B417-38-06	2236.3	83.30
B417-38-02	2236.3	79.40	C121-43-01	2125.4	100.50
B417-38-03	2236.3	80.90	C121-43-02	2125.4	107.90
B417-38-04	2236.3	82.30	C121-43-03	2125.4	149.70
B417-38-05	2236.3	82.70	C121-43-04	2125.4	156.90

续表

样品号	深度/m	T_h/℃	样品号	深度/m	T_h/℃
C121-43-05	2125.4	89.50	X247-42-03	2125.3	60.60
C121-43-06	2125.4	95.10	X247-42-04	2125.3	61.90
S120-44-01	2192.3	88.10	X247-42-05	2125.3	65.30
S120-44-02	2192.3	94.60	X247-42-06	2125.3	67.50
S120-44-03	2192.3	95.10	Y189-2-01	2351.2	111.60
S120-44-04	2192.3	95.70	Y189-2-02	2351.2	124.70
S120-44-05	2192.3	98.50	Y189-2-03	2351.2	67.60
S120-44-06	2192.3	102.80	Y189-2-04	2351.2	68.30
S120-44-07	2192.3	103.10	Y189-2-05	2351.2	80.10
W105-41-01	2066.1	77.20	Y189-2-06	2351.2	115.90
W105-41-02	2066.1	81.90	Y189-2-07	2351.2	117.70
W105-41-03	2066.1	98.10	Y469-40-01	2304.1	69.20
W105-41-04	2066.1	105.70	Y469-40-02	2304.1	69.90
W105-41-05	2066.1	106.70	Y469-40-03	2304.1	75.10
W105-41-06	2066.1	107.30	Y469-40-04	2304.1	82.90
W105-41-07	2066.1	109.70	Y469-40-05	2304.1	83.70
X247-42-01	2125.3	53.90	Y469-40-06	2304.1	92.30
X247-42-02	2125.3	60.30	Y469-40-07	2304.1	113.90

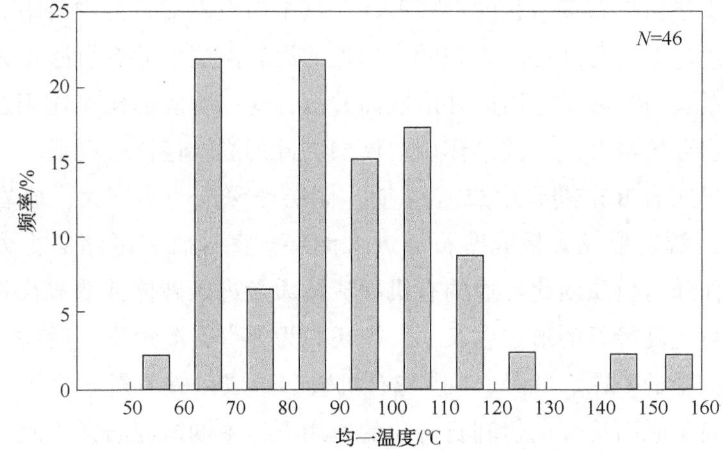

图 5.7　长 8 致密砂岩油气充注温度频率分布图

而从烃类充注温度与储层中填隙物形成温度的分布对比来看，油气充注过程的起始时间晚于早期绿泥石的形成，但基本覆盖了其他填隙物形成的全过程(图

4.10、图5.7)，这说明储层的致密化成岩过程与烃类充注油气成藏过程基本是共同进行的，当石油完全占据孔隙空间或阻止了成岩流体的流动时，储层这一部位的成岩作用就会停止，否则即使在石油不断进入储层的背景下，成岩胶结物仍会在孔隙成岩流体的流动中不断形成和转化。

5.3 填隙物与储层孔隙演化、烃类充注过程耦合关系分析

5.3.1 填隙物充填序列与储层致密、成藏过程动态耦合分析

通过前文对致密砂岩储层成岩作用过程、填隙物充填序列、致密化机理以及油气充注时序的综合研究，基本可以得出储层以填隙物形成演化为纽带的致密-成藏耦合过程。在早成岩A期，沉积物埋藏初始阶段，河流中的Mg^{2+}、Fe^{3+}发生絮凝沉淀形成早期绿泥石黏土膜，火山岩岩屑在风化和水解作用下为绿泥石膜继续生长提供Mg^{2+}、Fe^{3+}，其中部分喷出岩岩屑则在颗粒表面形成蒙脱石黏土膜，同时早期泥晶方解石在较细小的孔喉中沉淀胶结，此时储层物性较好，成岩环境相对开放。

在早成岩A末期到早成岩B期，随着埋深增大，成岩环境温度上升至约60℃，少量未熟-低熟油在压实作用下开始排出烃源岩进入储层孔隙空间，浸染绿泥石黏土膜，蒙脱石开始向伊/蒙混层和伊利石转化，早期硅质胶结以石英次生加大边和少量自形石英微粒的形式形成，其中微粒自形石英主要附着于绿泥石和伊利石环边之上，另外烃源岩和砂岩邻近的泥岩夹层中的有机酸也开始进入砂体，造成少量长石颗粒发生溶蚀并形成高岭石，这一阶段的压实作用造成储层物性降低，成岩环境半开放，胶结作用对储层物性的影响还比较有限。

接着在早成岩B末期到中成岩A期，储层埋深进一步增大，成岩温度上升至约80℃，烃源岩形成大量成熟石油进入储层，宣告研究区储层主力油气充注期的开始，伴随有机质演化形成的有机酸流体大量进入砂体并造成长石、岩屑颗粒的溶蚀、自生高岭石的形成以及Fe^{3+}被还原为Fe^{2+}，溶蚀发生后的成岩流体转为碱性，孔隙中的Ca^{2+}、Mg^{2+}、Fe^{2+}与有机羧酸形成以铁方解石为主的中晚期碳酸盐胶结，在蒙脱石持续向伊利石转化的作用下，中期绿泥石黏土膜、中晚期石英次生加大边，以及中晚期孔隙充填伊利石也得以形成，这一阶段持续至中成岩A中期约120℃，胶结作用造成储层物性降低并进入致密级别，但也伴随着溶蚀作用和主力油气充注过程，储层的成岩环境逐渐趋向封闭，很明显该阶段是研究

区储层发生致密化和油气成藏的关键时期。

在中成岩 A 晚期-中成岩 B 期，储层致密，大部分孔隙空间因为成岩流体无法流动，成岩作用也相应停止，仅局部相对流动的部位形成少量晚期孔隙充填绿泥石和晚期碳酸盐胶结，且因为成岩系统趋于封闭，储层中存在局部酸性环境造成少量成岩胶结物溶蚀，在此阶段烃类充注过程接近停止，仅在中成岩 B 期有少量的断续充注。

在填隙物充填过程中，受到了成岩环境和物质条件的制约，因早成岩-中成岩过程中填隙物充填顺序不同，其含量也不同，而不同成岩阶段填隙物含量的差异最直接的影响就是对储层孔隙度的减少量不同，这也是评估填隙物对储层动态影响的关键，同时不同时期的古孔隙度值也可以作为评判储层致密化与油气充注过程耦合关系的直接证据。以往的研究通常以不同成岩阶段为划分标志计算对应的古孔隙度值，但计算参数缺乏定量化证据，准确度和可信性较差，且按成岩阶段划分对于研究填隙物-油气成藏耦合关系的意义也不显著，而通过油气充注阶段来划分填隙物含量对深入认识油气成藏过程以及其中填隙物的减孔作用有十分重要的意义。在油气充注的主力成藏期，孔隙度是否因为填隙物的破坏造成油气充注困难也是亟待解决的问题。因此，本书尝试以油气充注阶段作为节点定量评价填隙物的减孔量和储层对应的古孔隙度，力图围绕成藏前储层是否达到充注条件开展详细研究。

根据前文讨论并结合前人的研究成果，研究区长 8 致密砂岩储层的油气充注期次主要有两期：第一期 60~80℃；第二期 80~120℃，其中第二期为主力油气充注期。因此将储层发展阶段划分为 4 个温度阶段：油气充注前(<60℃)、第一期油气充注过程内(60~80℃)、主力油气充注过程内(80~120℃)、油气充注后(>120℃)。相应地，根据填隙物微区测温结果和镜下统计不同阶段填隙物含量将填隙物的减孔量按以上 4 个温度阶段进行细分。对于硅质胶结，通过镜下观察石英胶结的主体为中晚期的石英次生加大边和孔隙充填自形石英晶体，早期次生加大边和晚期的孔隙充填自形、他形石英发育较少，石英裂纹中的盐水包裹体分析选点具有随机性，故分析结果也具有一定统计学意义，综上，将硅质胶结在 4 个温度阶段内的含量占比定为 0、6.90%、79.31%、13.79%。碳酸盐胶结以中晚期铁方解石和铁白云石为主体，早期泥晶方解石含量较低，本次实验仅涉及中晚期碳酸盐胶结的微区测温，综合镜下观察与测温结果将碳酸盐胶结 4 个温度阶段内的含量占比定为 4.00%、2.00%、80.00%、14.00%。自生绿泥石形成温度范围较宽，但以中期绿泥石包膜的继续生长为主，早期颗粒环边虽发育较多，但厚度较薄，对孔隙的减少极为有限，孔隙中的绿泥石填隙形成较晚，含量也偏低，本次绿泥石电子探针微区测温的选点偏重于颗粒包膜的中部向外和孔隙中的填隙绿泥石，颗粒环边的根部测温点相对较少，综合以上分析将绿泥石在4个温度阶段的含量占比定为12.90%、29.68%、40.32%、17.10%。研究区自生伊利石同样以中晚期为主，主要由蒙脱石转化而来，微区测温实验选点具有随机性，故结果可作为不同阶段含量比例的参考，具体4个温度阶段的占比为0、6.78%、49.15%、44.07%。本书未给出高岭石的形成温度定量数据，但根据镜下特征可以大致判断形成温度为60~80℃和80~120℃两个区间，且主要形成于第一阶段，因此高岭石在4个温度阶段的含量占比定为0、60%、40%、0。研究区溶蚀作用具体可细分为长石溶蚀、岩屑溶蚀和胶结物溶蚀，其中早期溶蚀作用主要为少量岩屑溶蚀，在有机酸注入后长石和岩屑颗粒发生大量溶蚀，而胶结物溶蚀则发生于晚期成岩阶段，在局部的酸性成岩环境中以碳酸盐胶结物溶蚀为主。综上，将溶蚀作用中长石溶蚀在4个温度阶段的孔隙增孔量占比定为0、60%、40%、0；岩屑溶蚀比例则为40%、40%、20%、0；胶结物溶蚀比例为0、0、20%、80%。

根据上述划分原则，将填隙物含量与储层孔隙度演化以及油气充注过程结合，将不同油气充注阶段的填隙物减孔量和溶蚀作用增孔量列于表5.5，从填隙物减孔与溶蚀作用增孔量分布图上可以看出，填隙物充填减孔主要集中在80~120℃，碳酸盐胶结减孔量最高，硅质胶结、自生绿泥石以及自生伊利石次之，高岭石减孔量较少；溶蚀作用贡献的孔隙度主要发育在60~80℃和80~120℃，以长石溶蚀贡献孔隙度最高(图5.8)。通过计算得出了不同油气充注阶段所对应的古孔隙度，研究区致密砂岩储层在60℃时的临界古孔隙度Φ_{60}为21.16%，在80℃时的古孔隙度Φ_{80}为16.93%，而在主力油气充注结束时120℃的古孔隙度Φ_{120}为10.21%，可以看出，储层在第一期油气充注和主力充注期之前的储集性能较好，孔隙度均在15%以上，具备形成油藏的条件，在主力油气充注期结束时储层基本已经进入致密级别(10.21%)，虽然在120℃之后仍有部分晚期填隙物形成，反映储层成岩环境还未完全封闭，但储层此时的储集性能较差，因此120℃之后尽管仍有烃类断续注入孔隙空间，但最终这部分烃类占储层中保存的总油气量的比例非常低。因此，若从储层整个成岩过程来看，研究区长8致密砂岩储层在油气充注前储集性能较好，属于“先成藏，后致密”型致密油藏；但若就储层致密与成藏的关键阶段80~120℃来看，在主力油气充注前储层孔隙度在15%以上，经过充注储层进入了致密级别，总体具有“边致密，边成藏”的致密油藏类型的特征。

表 5.5 长 8 致密砂岩储层油气充注不同阶段孔隙度增减量

增/减孔类型	油气充注前（<60℃）/%	第一期充注内（60～80℃）/%	主力充注内（80～120℃）/%	油气充注后（>120℃）/%	总减/增孔量/%
碳酸盐胶结	0.18	0.09	3.52	0.61	4.40
硅质胶结	0	0.14	1.65	0.29	2.08
自生绿泥石	0.39	0.89	1.21	0.51	3.00
自生高岭石	0	0.14	0.10	0	0.24
自生伊利石	0	0.15	1.12	1.01	2.28
填隙物总减孔	0.57	1.41	7.60	2.42	12.00
长石溶蚀	0	1.00	0.67	0	1.67
岩屑溶蚀	0.35	0.35	0.17	0	0.87
胶结物溶蚀	0	0	0.04	0.18	0.22
溶蚀作用总增孔	0.35	1.35	0.88	0.18	2.76

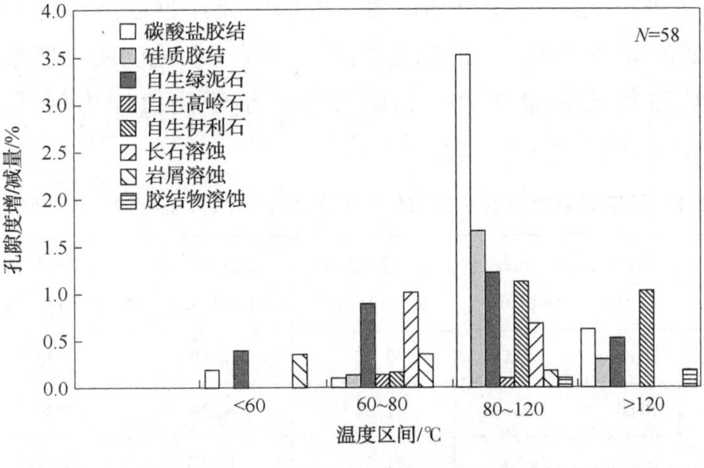

图 5.8 长 8 致密砂岩油气充注不同阶段填隙物减孔与溶蚀作用增孔量分布图

5.3.2 典型井定量解剖及有利致密油藏发育规律

通过上节分析，研究区长 8 致密砂岩油藏整体上具有“先成藏，后致密”的特点，但在油气充注期内具有“边致密，边成藏”的特征，尤其是在 80～120℃ 区间的主力油气充注期内，储层在储集石油资源的同时物性也进入致密级别，是储层中填隙物充填-致密-成藏三者耦合的关键时期。然而在经过这一阶段后，并非所有致密储层都成功储集了石油资源，现今的单井试油结果显示致密砂岩储层总体可以分为油层和干层，部分储层在经过致密-成藏耦合过程后仅物性发生致密化，而未保存烃类。针对致密油藏的这一典型含油非均质性，本书在明确研究区长 8 致密砂岩储层致密过程的基础上，进一步开展研究区典型单井的填隙物减孔与试油结果的对比研究，旨在揭示造成致密砂岩储层是否含油的关键因素和有利致密油藏的发育规律。筛选出微区测温实验样品覆盖的研究区 5 口典型单井，将每口井分为长 8_1和长 8_2进行单独的孔隙演化计算，不同油气充注阶段的填隙物减孔与溶蚀增孔比例与上文研究区长 8 储层整体演化参数相同，最终得出不同阶段填隙物充填造成的孔隙度损失量。不同单井间填隙物减孔量不同，但主要集中在 60℃之后，以 80~120℃为减孔高峰期(表 5.6)，接着将油气充注过程中填隙物减孔量与单井试油结果进行对比，发现第一期油气充注过程内的填隙物减孔量与单井含油性没有明显关系，主力油气充注过程内的填隙物减孔量则与单井试油结果存在相关性，具体表现为试油结果为出油的井在 80~120℃区间内填隙物减孔量都小于 7.90%，而干层未出油的井填隙物减孔量则大于 10.93%(表 5.6、图 5.9)。这一结论更加说明主力油气充注过程是致密砂岩储层致密化与油气成藏的关键时期，而最为主要的控制因素就是该期内填隙物充填减少的孔隙量，填隙物减孔量 7.90%为临界值，小于此值即为油层，否则就是干层。

表 5.6 研究区典型井长 8 致密砂岩储层填隙物减孔量与试油结果统计表

井号	层位	试油情况	油气充注前(<60℃)/%	第一期充注内(60~80℃)/%	主力充注内(80~120℃)/%	油气充注后(>120℃)/%	填隙物减孔量/%
B417	长 8_1	出油	1.15	2.55	7.18	2.33	13.21
	长 8_2	出油	0.61	1.48	4.24	1.20	7.53
Z256	长 8_1	干层	0.60	1.53	10.93	3.54	16.60
	长 8_2	干层	1.29	2.73	11.90	3.44	19.37
Y489	长 8_1	出油	0.37	0.86	6.23	1.75	9.21
	长 8_2	出油	1.01	2.26	7.56	2.69	13.52
H67	长 8_1	干层	0.83	1.66	11.17	3.12	16.78
	长 8_2	干层	1.06	1.37	17.62	4.08	24.13
Y89	长 8_1	出油	1.12	2.37	7.90	2.24	13.64

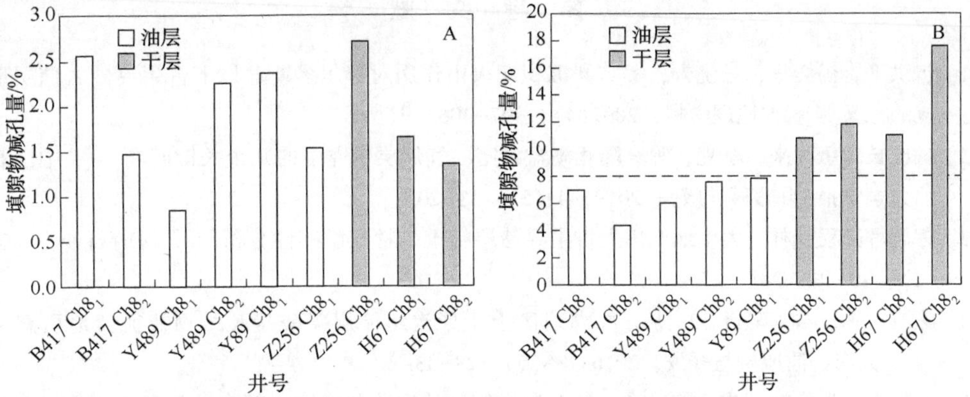

图 5.9　长 8 致密砂岩填隙物减孔量与试油结果相关关系图

A：第一期油气充注过程内(60~80℃)；B：主力油气充注过程内(80~120℃)

参 考 文 献

[1] 包洪平，杨奕华，王晓方，等．同沉积期火山作用对鄂尔多斯盆地上古生界砂岩储层形成的意义[J]．古地理学报，2007(4)：397-406.

[2] 操应长，葸克来，李克，等．陆相湖盆致密油气储层研究中的几个关键问题[J]．中国石油大学学报(自然科学版)，2019，43(5)：11-20.

[3] 曹忠辉，程少林．大牛地气田上古生界储层粘土矿物及敏感性分析[J]．河南石油，2006(1)：10-13.

[4] 陈波，陈汾君，马进业，等．冷湖地区上干柴沟组储层碳酸盐胶结物特征及地质意义[J]．大庆石油地质与开发，2016，35(5)：28-33.

[5] 陈贺贺，朱筱敏，陈纯芳，等．致密砂岩储层致密化与成藏史耦合关系研究——以鄂尔多斯南部镇原—泾川地区延长组长 8 油层组为例[J]．沉积学报，2018，36(2)：401-414.

[6] 戴朝成，刘晓东，饶强，等．川中地区须家河组自生绿泥石成分演化及其形成温度计算[J]．地质论评，2017，63(3)：831-842.

[7] 邓秀芹，刘新社，李士祥．鄂尔多斯盆地三叠系延长组超低渗透储层致密史与油藏成藏史[J]．石油与天然气地质，2009，30(2)：156-161.

[8] 丁晓琪，张哨楠，葛鹏莉，等．鄂南延长组绿泥石环边与储集性能关系研究[J]．高校地质学报，2010，16(2)：247-254.

[9] 方伟．储层伊利石、高岭石的电子探针测试技术及其应用[J]．大庆石油地质与开发，1993(2)：5，24-28.

[10] 方欣欣，甘华军，姜华，等．利用石油包裹体微束荧光光谱判别塔北碳酸盐岩油气藏油气充注期次[J]．地球科学(中国地质大学学报)，2012，37(3)：580-586.

[11] 伏万军．粘土矿物成因及对砂岩储集性能的影响[J]．古地理学报，2000(3)：60-69.

[12] 付金华，邓秀芹，王琪，等．鄂尔多斯盆地三叠系长 8 储集层致密与成藏耦合关系——来自地球化学和流体包裹体的证据[J]．石油勘探与开发，2017，44(1)：48-57.

[13] 付金华，段明辰，段毅，等．华庆地区长 8 原油含氮化合物及运移研究[J]．中国矿业大学学报，2017，46(4)：838-845，858.

[14] 付金华，喻建，徐黎明，等．鄂尔多斯盆地致密油勘探开发新进展及规模富集可开发主控因素[J]．中国石油勘探，2015，20(5)：9-19.

[15] 付锁堂，王震亮，张永庶，等．柴北缘西段鄂博梁构造带储层碳酸盐胶结物成因及其油气地质意义——来自碳、氧同位素的约束[J]．沉积学报，2015，33(5)：991-999.

[16] 高淑梅，范绍雷，梅启亮，等．鄂尔多斯盆地低渗透储层粘土矿物分析[J]．特种油气藏，2009，16(3)：15-17，27，105.

[17] 公繁浩，鲍志东，范正平，等．自生绿泥石对砂岩储集层影响的新认识[J]．新疆石油地质，2011，32(4)：338-341.

[18] 龚沿东．电子探针(EPMA)简介[J]．电子显微学报，2010，29(6)：578-580.

[19] 龚玉爽，胡斌，付山岭，等．电子探针分析技术(EPMA)在地学中的应用综述[J]．化学工程与装备，2011(6)：166-168.
[20] 郭宏莉，王大锐．塔里木油气区砂岩储集层碳酸盐胶结物的同位素组成与成因分析[J]．石油勘探与开发，1999(3)：3-5.
[21] 郭彦如，刘俊榜，杨华，等．鄂尔多斯盆地延长组低渗透致密岩性油藏成藏机理[J]．石油勘探与开发，2012，39(4)：417-425.
[22] 郭艳琴．富县探区延长组储层微观特征研究[D]．西安：西北大学，2006.
[23] 郭正权，齐亚林，楚美娟，等．鄂尔多斯盆地上三叠统延长组储层致密史恢复[J]．石油实验地质，2012，34(6)：594-598，603.
[24] 郝乐伟，王琪，唐俊．储层岩石微观孔隙结构研究方法与理论综述[J]．岩性油气藏，2013，25(5)：123-128.
[25] 何谋春，吕新彪，刘艳荣．激光拉曼光谱在油气勘探中的应用研究初探[J]．光谱学与光谱分析，2004(11)：1363-1366.
[26] 何永宏．鄂尔多斯盆地姬塬油田长8储层敏感性研究[J]．断块油气田，2014，21(1)：87-91.
[27] 何自新．鄂尔多斯盆地演化与油气[Z]．北京：石油工业出版社，2003.
[28] 贺永红，任战利，陈占军，等．富县探区长8段致密油藏特征及主控因素[J]．西安科技大学学报，2016，36(3)：393-399.
[29] 胡朝元．"源控论"适用范围量化分析[J]．天然气工业，2005(10)：6，25-27，31.
[30] 黄思静，黄培培，王庆东，等．胶结作用在深埋藏砂岩孔隙保存中的意义[J]．岩性油气藏，2007(3)：7-13.
[31] 黄思静，谢连文，张萌，等．中国三叠系陆相砂岩中自生绿泥石的形成机制及其与储层孔隙保存的关系[J]．成都理工大学学报(自然科学版)，2004(3)：273-281.
[32] 贾承造，赵文智，邹才能，等．岩性地层油气藏勘探研究的两项核心技术[J]．石油勘探与开发，2004(3)：3-9.
[33] 贾承造，郑民，张永峰．中国非常规油气资源与勘探开发前景[J]．石油勘探与开发，2012，39(2)：129-136.
[34] 贾承造，邹才能，李建忠，等．中国致密油评价标准、主要类型、基本特征及资源前景[J]．石油学报，2012，33(3)：343-350.
[35] 江思宏，聂凤军，陈伟十，等．北山地区南金山金矿床的~(40)Ar-~(39)Ar同位素年代学及其流体包裹体特征[J]．地质论评，2006(2)：266-275.
[36] 李斌之．微区分析技术电子探针的原理应用与溯源[J]．计量与测试技术，2011，38(3)：26-28.
[37] 李登华，刘卓亚，张国生，等．中美致密油成藏条件、分布特征和开发现状对比与启示[J]．天然气地球科学，2017，28(7)：1126-1138.
[38] 李福垲．砂岩油层中粘土矿物对储层性质的影响[J]．石油勘探与开发，1980(6)：

67-79.
[39] 李国欣，朱如凯．中国石油非常规油气发展现状、挑战与关注问题[J]．中国石油勘探，2020，25(2)：1-13.
[40] 李阳，张文选，李树同，等．鄂尔多斯盆地长 8 砂岩储层碳酸盐胶结物特征及其对物性的影响[J]．地质科技情报，2018，37(4)：175-183.
[41] 李勇，陈国明．埕岛油田馆陶组黏土矿物分析与储层伤害研究[J]．油田化学，2006(4)：369-374.
[42] 李泽民，谭先锋，薛伟伟，等．碎屑岩中硅质胶结物物质来源及沉淀机理[J]．石油地质与工程，2015，29(2)：19-24，145-146.
[43] 梁承春，刘小虎，林清申，等．红河油田长_8 致密油成藏机理及“甜点”模式[J]．特种油气藏，2016，23(6)：26-30，142.
[44] 刘登科．致密砂岩储层成岩演化及烃类充注与微观孔喉结构响应机制研究[D]．西安：西北大学，2019.
[45] 刘金库，彭军，刘建军，等．绿泥石环边胶结物对致密砂岩孔隙的保存机制——以川中-川南过渡带包界地区须家河组储层为例[J]．石油与天然气地质，2009，30(1)：53-58.
[46] 刘林玉，曲志浩，孙卫，等．新疆鄯善油田碎屑岩中的粘土矿物特征[J]．西北大学学报(自然科学版)，1998(5)：3-5.
[47] 刘震，朱文奇，夏鲁，等．鄂尔多斯盆地西峰油田延长组长 8 段岩性油藏动态成藏过程[J]．现代地质，2013，27(4)：895-906.
[48] 柳娜，南珺祥，刘伟．鄂尔多斯盆地中部长 6 和长 8 储层特征及酸敏机理[J]．石油学报，2008(4)：588-591.
[49] 卢焕章，范宏瑞，倪培，等．流体包裹体[M]．北京：科学出版社，2004.
[50] 罗春艳，罗静兰，罗晓容，等．鄂尔多斯盆地中西部长 8 砂岩的流体包裹体特征与油气成藏期次分析[J]．高校地质学报，2014，20(4)：623-634.
[51] 罗静兰，刘小洪，林潼，等．成岩作用与油气侵位对鄂尔多斯盆地延长组砂岩储层物性的影响[J]．地质学报，2006(5)：664-673.
[52] 罗静兰，邵红梅，杨艳芳，等．松辽盆地深层火山岩储层的埋藏-烃类充注-成岩时空演化过程[J]．地学前缘，2013，20(5)：175-187.
[53] 罗龙，孟万斌，冯明石，等．致密砂岩中硅质胶结物的硅质来源及其对储层的影响——以川西坳陷新场构造带须家河组二段为例[J]．天然气地球科学，2015，26(3)：435-443.
[54] 罗顺社，魏炜，魏新善，等．致密砂岩储层微观结构表征及发展趋势[J]．石油天然气学报，2013，35(9)：1，5-10.
[55] 马明福，方世虎，张煜，等．东营凹陷广利油田纯化镇组低渗透储层微观孔隙结构特征[J]．石油大学学报(自然科学版)，2001(4)：9，10-12.

[56] 孟祥超，斯春松，王小军，等 . MB 斜坡区 T_1b 组自生黏土矿物分布特征及油气勘探意义[J]. 东北石油大学学报，2014，38(1)：2，17-24.
[57] 欧光习，李林强，孙玉梅 . 沉积盆地流体包裹体研究的理论与实践[J]. 矿物岩石地球化学通报，2006(1)：1-11.
[58] 潘雪峰 . 储层流体包裹体技术研究与应用[D]. 成都：西南石油大学，2013.
[59] 潘燕宁，周凤英，陈小明，等 . 埋藏成岩过程中绿泥石化学成分的演化[J]. 矿物学报，2001(2)：174-178.
[60] 齐亚林，尹鹏，张东阳，等 . 鄂尔多斯盆地延长组储层胶结物形成机理及地质意义[J]. 岩性油气藏，2014，26(2)：102-107，132.
[61] 曲希玉，刘珍，高媛，等 . 绿泥石包壳对碎屑岩储层物性的影响及其形成环境——以鄂尔多斯盆地大牛地气田上古生界为例[J]. 沉积学报，2015，33(4)：786-794.
[62] 曲希玉，邱隆伟，宋璠，等 . 大牛地气田石英次生加大特征及其对储层物性的影响[J]. 石油实验地质，2014，36(5)：567-573.
[63] 任战利，李文厚，梁宇，等 . 鄂尔多斯盆地东南部延长组致密油成藏条件及主控因素[J]. 石油与天然气地质，2014，35(2)：190-198.
[64] 尚婷 . 鄂尔多斯盆地华庆地区长 8 储层微观特征研究[D]. 西安：西北大学，2012.
[65] 宋璠，杨少春，苏妮娜，等 . 超浅层油藏成岩特征及对油气成藏的影响——以准噶尔盆地春风油田为例[J]. 石油实验地质，2015，37(3)：307-313.
[66] 苏楠 . 鄂尔多斯盆地苏里格气田东区下石盒子组盒 8 段沉积相和储层特征研究[D]. 成都：成都理工大学，2011.
[67] 谭先锋，冉天，罗龙，等 . 滨浅湖环境中"砂—泥"沉积记录及成岩作用系统——以济阳坳陷古近系孔店组为例[J]. 地球科学进展，2016，31(6)：615-633.
[68] 田亚铭，施泽进，宋江海，等 . 宜川—旬邑地区长 6~长 8 储层流体包裹体特征及意义[J]. 矿物岩石地球化学通报，2011，30(1)：80-87.
[69] 田亚铭，施泽进，宋江海，等 . 宜川—旬邑地区长 6~长 8 油层组成岩作用特征[J]. 西南石油大学学报(自然科学版)，2011，33(4)：44-52，187-188.
[70] 汪洋，刘洛夫，李树同，等 . 鄂尔多斯盆地姬塬西部三叠系延长组长 8 油层组成岩作用与致密化过程[J]. 古地理学报，2017，19(5)：892-906.
[71] 王爱丽，赵永刚 . 砂岩中自生粘土矿物的研究现状、内容和方法[J]. 科技资讯，2012(31)：53-55.
[72] 王行信 . 松辽盆地白垩系砂岩储层的粘土矿物特征及其对油层产能的影响[J]. 石油勘探与开发，1991(1)：48-55.
[73] 王坤阳，杜谷，杨玉杰，等 . 应用扫描电镜与 X 射线能谱仪研究黔北黑色页岩储层孔隙及矿物特征[J]. 岩矿测试，2014，33(5)：634-639.
[74] 王琪，禚喜准，陈国俊，等 . 延长组砂岩中碳酸盐胶结物氧碳同位素组成特征[J]. 天然气工业，2007(10)：28-32，132-133.

[75] 王强．粘土矿物地温计研究与应用[D]．青岛：中国石油大学(华东)，2007.
[76] 王清斌，臧春艳，赖维成，等．渤中坳陷古近系中、深部碎屑岩储层碳酸盐胶结物分布特征及成因机制[J]．石油与天然气地质，2009，30(4)：438-443.
[77] 王瑞飞，沈平平，赵良金．深层储集层成岩作用及孔隙度演化定量模型——以东濮凹陷文东油田沙三段储集层为例[J]．石油勘探与开发，2011，38(5)：552-559.
[78] 王玉祥．砂砾岩致密储层填隙物特征及其对孔隙的影响[J]．石油化工高等学校学报，2017，30(1)：75-81.
[79] 吴富强，宁兴贤．影响渤南洼陷深部储层次生孔隙形成的因素及其作用[J]．沉积与特提斯地质，2004(2)：76-82.
[80] 武文慧，黄思静，陈洪德，等．鄂尔多斯盆地上古生界碎屑岩硅质胶结物形成机制及其对储集层的影响[J]．古地理学报，2011，13(2)：193-200.
[81] 葸克来．松辽盆地南部白垩系泉头组四段致密砂岩油气成储机制[D]．青岛：中国石油大学(华东)，2016.
[82] 谢增业，严启团，卢新卫，等．环境扫描电镜技术在气源岩评价中的应用[J]．天然气工业，2003(4)：27-31，138-139.
[83] 闫新智．鄂尔多斯盆地定边油田樊学油区上三叠统延长组长 8 储集层特征研究[D]．西安：西安石油大学，2011.
[84] 杨华．鄂尔多斯盆地三叠系延长组沉积体系及含油性研究[D]．成都：成都理工大学，2004.
[85] 杨华，李士祥，刘显阳．鄂尔多斯盆地致密油、页岩油特征及资源潜力[J]．石油学报，2013，34(1)：1-11.
[86] 杨俊杰．鄂尔多斯盆地构造演化与油气分布规律[M]．北京：石油工业出版社，2002.
[87] 杨伟伟，柳广弟，刘显阳，等．鄂尔多斯盆地陇东地区延长组低渗透砂岩油藏成藏机理与成藏模式[J]．地学前缘，2013，20(2)：132-139.
[88] 杨勇，黄有根，冯炎松，等．致密砂岩填隙物特征及其对储层的影响[J]．西南石油大学学报(自然科学版)，2015，37(5)：1-8.
[89] 姚泾利，邓秀芹，赵彦德，等．鄂尔多斯盆地延长组致密油特征[J]．石油勘探与开发，2013，40(2)：150-158.
[90] 姚泾利，王琪，张瑞，等．鄂尔多斯盆地华庆地区延长组长 6 砂岩绿泥石膜的形成机理及其环境指示意义[J]．沉积学报，2011，29(1)：72-79.
[91] 姚泾利，王琪，张瑞，等．鄂尔多斯盆地中部延长组砂岩中碳酸盐胶结物成因与分布规律研究[J]．天然气地球科学，2011，22(6)：943-950.
[92] 姚泾利，赵彦德，邓秀芹，等．鄂尔多斯盆地延长组致密油成藏控制因素[J]．吉林大学学报(地球科学版)，2015，45(4)：983-992.
[93] 应凤祥，何东博，龙玉梅．碎屑岩成岩阶段划分规范(SY/T 5477—2003)[M]．北京：石油工业出版社，2003：1-9.

[94] 于均民，周晓峰，刘立．砂岩中石英胶结物的成因及其研究意义[J]．世界地质，2000(1)：20-25.

[95] 于兴河，瞿建华，谭程鹏，等．玛湖凹陷百口泉组扇三角洲砾岩岩相及成因模式[J]．新疆石油地质，2014，35(6)：619-627.

[96] 张海林．鄂尔多斯盆地富县探区三叠系延长组长 8 致密油层综合研究[D]．西安：西北大学，2016.

[97] 张浩，康毅力，李前贵，等．鄂尔多斯盆地北部致密砂岩气层粘土微结构与流体敏感性[J]．钻井液与完井液，2005(6)：22-25，85.

[98] 张敏强，黄思静，吴志轩，等．东海盆地丽水凹陷古近系储层砂岩中碳酸盐胶结物及形成机制[J]．成都理工大学学报(自然科学版)，2007(3)：259-266.

[99] 张哨楠，丁晓琪，万友利，等．致密碎屑岩中粘土矿物的形成机理与分布规律[J]．西南石油大学学报(自然科学版)，2012，34(3)：174-182.

[100] 赵靖舟．非常规油气有关概念、分类及资源潜力[J]．天然气地球科学，2012，23(3)：393-406.

[101] 赵峥延，蒋建勋，张哲，等．鄂尔多斯盆地环县地区长 8 储层敏感性评价[J]．油气藏评价与开发，2013，3(4)：12-15.

[102] 赵重远．华北克拉通盆地天然气赋存的地质背景[J]．地球科学进展，1990(2)：40-42.

[103] 郑洁，陈勇．流体包裹体拉曼光谱研究及其在成岩作用中的应用[J]．新疆石油天然气，2009，5(2)：18-23，112.

[104] 周桦，黄思静，兰叶芳．华庆地区长 6 油层组黏土矿物类型及其对储层物性的影响[J]．岩性油气藏，2012，24(3)：66-73.

[105] 周雯雯，张伙兰．珠三坳陷有机包裹体应用研究[J]．岩石学报，2000(4)：677-686.

[106] 朱如凯，邹才能，张鼐，等．致密砂岩气藏储层成岩流体演化与致密成因机理——以四川盆地上三叠统须家河组为例[J]．中国科学(D 辑：地球科学)，2009，39(3)：327-339.

[107] 朱筱敏，刘长利，张亚雄，等．苏北盆地上白垩统泰州组砂岩成岩序列和储集层质量主控因素分析[J]．古地理学报，2008(5)：439-446.

[108] 朱筱敏，钟大康，赵澄林，等．塔里木盆地台盆区古生界优质碎屑岩储层形成机理及预测[J]．科学通报，2002(S1)：30-35.

[109] 邹才能，朱如凯，吴松涛，等．常规与非常规油气聚集类型、特征、机理及展望——以中国致密油和致密气为例[J]．石油学报，2012，33(2)：173-187.

[110] 邹明亮，黄思静，胡作维，等．西湖凹陷平湖组砂岩中碳酸盐胶结物形成机制及其对储层质量的影响[J]．岩性油气藏，2008(1)：47-52.

[111] Ajdukiewicz J M，Nicholson P H，Esch W L. Prediction of deep reservoir quality using early diagenetic process models in the jurassic norphlet formation，gulf of mexico[J]. Aapg Bulletin，2010，94(8)：1189-1227.

[112] Baker J C, Havord P J, Martin K R, et al. Diagenesis and petrophysics of the early permian moogooloo sandstone, southern carnarvon basin, westernaustralia[J]. Aapg Bulletin, 2000, 84(2): 250-265.

[113] Battaglia S. Applying x-ray geothermometer diffraction to a chlorite[J]. Clays And Clay Minerals, 1999, 47(1): 54-63.

[114] Beard D, Weyl P. Influence of texture on porosity and permeability of unconsolidated sand [J]. Aapg Bulletin, 1973, 57(2): 349-369.

[115] Berger A, Gier S, Krois P. Porosity-preserving chlorite cements in shallow-marine volcaniclastic sandstones: Evidence from cretaceous sandstones of the sawan gas field, pakistan [J]. Aapg Bulletin, 2009, 93(5): 595-615.

[116] Billault V, Beaufort D, Baronnet A, et al. A nanopetrographic and textural study of grain-coating chlorites in sandstone reservoirs[J]. Clay Minerals, 2003, 38(3): 315-328.

[117] Bjørlykke K. Relationships between depositional environments, burial history and rock properties. Some principal aspects of diagenetic process in sedimentary basins[J]. Sedimentary Geology, 2014, 301: 1-14.

[118] Bjørlykke K, Egeberg P. Quartz cementation in sedimentary basins[J]. Aapg Bulletin, 1993, 77(9): 1538-1548.

[119] Bjørlykke K, Jahren J. Open or closed geochemical systems during diagenesis in sedimentary basins: Constraints on mass transfer during diagenesis and the prediction of porosity in sandstone and carbonate reservoirs[J]. Aapg Bulletin, 2012, 96(12): 2193-2214.

[120] Bloch S, Lander R H, Bonnell L. Anomalously high porosity and permeability in deeply buried sandstone reservoirs: Origin and predictability[J]. Aapg Bulletin, 2002, 86(2): 301-328.

[121] Brodie M W, Aplin A C, Hart B, et al. Oxygen isotope microanalysis by secondary ion mass spectrometry suggests continuous 300-million-year history of calcite cementation and dolomitization in the devonian bakken formation[J]. Journal of Sedimentary Research, 2018, 88(1): 91-104.

[122] Cama J, Ganor J, Ayora C, et al. Smectite dissolution kinetics at 80℃ and pH8.8[J]. Geochimica Et Cosmochimica Acta, 2000, 64(15): 2701-2717.

[123] Cathelineau M. Cation site occupancy in chlorites and illites as a function of temperature [J]. Clay Minerals, 1988, 23(4): 471-485.

[124] Cathelineau M, Nieva D. A chlorite solid solution geothermometer the los azufres (mexico) geothermal system[J]. Contributions to Mineralogy and Petrology, 1985, 91(3): 235-244.

[125] Curtis C. Possible links between sandstone diagenesis and depth-related geochemical reactions occurring in enclosing mudstones[J]. Journal of the Geological Society, 1978, 135(1): 107-117.

[126] Do Campo M, Del Papa C, Nieto F, et al. Integrated analysis for constraining palaeoclimatic

and volcanic influences on clay-mineral assemblages in orogenic basins (palaeogene andean foreland, northwestern argentina)[J]. Sedimentary Geology, 2010, 228(3-4): 98-112.

[127] Dou W, Liu L, Wu K, et al. Diagenetic heterogeneity, pore throats characteristic and their effects on reservoir quality of the upper triassic tight sandstones of yanchang formation in ordos basin, china[J]. Marine and Petroleum Geology, 2018, 98: 243-257.

[128] Ehrenberg S N. Preservation of anomalously high-porosity in deeply buried sandstones by grain-coating chlorite-examples from the norwegian continental-shelf[J]. Aapg Bulletin-American Association of Petroleum Geologists, 1993, 77(7): 1260-1286.

[129] Fu J, Deng X, Wang Q, et al. Densification and hydrocarbon accumulation of triassic yanchang formation chang 8 member, ordos basin, nw china: Evidence from geochemistry and fluid inclusions[J]. Petroleum Exploration and Development, 2017, 44(1): 48-57.

[130] Giles M, De Boer R. Origin and significance of redistributional secondary porosity[J]. Marine and Petroleum Geology, 1990, 7(4): 378-397.

[131] Grigsby J D. Origin and growth mechanism of authigenic chlorite in sandstones of thelower vicksburg formation, south texas[J]. Journal of Sedimentary Research, 2001, 71(1): 27-36.

[132] Guthrie J M, Houseknecht D W, Johns W D. Relationships among vitrinite reflectance, illite crystallinity, and organic geochemistry in carboniferous strata, ouachita mountains, oklahoma and arkansas[J]. Aapg Bulletin, 1986, 70(1): 26-33.

[133] Haddad S C, Worden R H, Prior D J, et al. Quartz cement in the fontainebleau sandstone, paris basin, france: Crystallography and implications for mechanisms of cement growth [J]. Journal of Sedimentary Research, 2006, 76(1-2): 244-256.

[134] Hansley P L, Nuccio V F. Upper cretaceous shannon sandstone reservoirs, powder river basin, wyoming-evidence for organic-acid diagenesis[J]. Aapg Bulletin-American Association of Petroleum Geologists, 1992, 76(6): 781-791.

[135] Hayes J B. Polytypism of chlorite in sedimentary rocks[J]. Clays and Clay Minerals, 1970, 18 (5): 285-306.

[136] Hendry J P, Trewin N H. Authigenic quartz microfabrics in cretaceous turbidites-evidence for silica transformation processes in sandstones[J]. Journal of Sedimentary Research Section a-Sedimentary Petrology and Processes, 1995, 65(2): 380-392.

[137] Hillier S, Velde B. Chlorite Interstratified with a 7 Å Mineral: An Example from Offshore Norway and Possible Implications for the Interpretation of the Composition of Diagenetic Chlorites [J]. Clay Minerals, 1992, 27(4): 475-486.

[138] Hyodo A, Kozdon R, Pollington A D, et al. Evolution of quartz cementation and burial history of the eau claire formation based on in situ oxygen isotope analysis of quartz overgrowths [J]. Chemical Geology, 2014(384): 168-180.

[139] Irwin H, Curtis C, Coleman M. Isotopic evidence for source of diagenetic carbonates formed during burial of organic-rich sediments[J]. Nature, 1977, 269(5625): 209-213.

[140] Ji J, Browne P R. Relationship between illite crystallinity and temperature in active geothermal systems of new zealand[J]. Clays and Clay Minerals, 2000, 48(1): 139-144.

[141] Keith M, Weber J. Isotopic composition and environmental classification of selected limestones and fossils[J]. Geochimica Et Cosmochimica Acta, 1964, 28: 1787-1816.

[142] Kim Y, Lee Y I. Origin of quartz cement in the lower ordovician dongjeom formation, korea [J]. Journal of Asian Earth Sciences, 2004, 24(3): 327-335.

[143] Kriete C, Suckow A, Harazim B. Pleistocene meteoric pore water in dated marine sediment cores off callao, peru[J]. Estuarine Coastal and Shelf Science, 2004, 59(3): 499-510.

[144] Lander R H, Larese R E, Bonnell L M. Toward more accurate quartz cement models: The importance of euhedral versus noneuhedral growth rates[J]. Aapg Bulletin, 2008, 92(11): 1537-1563.

[145] Liu M, Liu Z, Liu J, et al. Coupling relationship between sandstone reservoir densification and hydrocarbon accumulation: A case from the yanchang formation of the xifeng and ansai areas, ordos basin[J]. Petroleum Exploration and Development, 2014, 41(2): 185-192.

[146] Lynch F L, Mack L E, Land L S. Burial diagenesis of illite/smectite in shales and the origins of authigenic quartz and secondary porosity in sandstones[J]. Geochimica Et Cosmochimica Acta, 1997, 61(10): 1995-2006.

[147] Makowitz A, Lander R H, Milliken K L. Diagenetic modeling to assess the relative timing of quartz cementation and brittle grain process during compaction[J]. Aapg Bulletin, 2006, 90 (6): 873-885.

[148] Maxwell D T, Hower J. High-grade diagenesis and low-grade metamorphism of illite in the precambrian belt series[J]. American Mineralogist: Journal of Earth and Planetary Materials, 1967, 52(5-6): 843-857.

[149] Mcbride E F. Quartz cement in sandstones-a review[J]. Earth-Science Reviews, 1989, 26 (2): 69-112.

[150] Mchargue T R, Price R C. Dolomite from clay in argillaceous or shale-associated marine carbonates[J]. Journal of Sedimentary Research, 1982, 52(3): 873-886.

[151] Molenaar N, Cyziene J, Sliaupa S, et al. Lack of inhibiting effect of oil emplacement on quartz cementation: Evidence from cambrian reservoirsandstones, paleozoic baltic basin[J]. Geological Society of America Bulletin, 2008, 120(9-10): 1280-1295.

[152] Morad S, Ketzer J M, De Ros L F. Spatial and temporal distribution of diagenetic alterations in siliciclastic rocks: Implications for mass transfer in sedimentary basins[J]. Sedimentology, 2000, 47: 95-120.

[153] Moriya K, Goto A S, Hasegawa T. Stable carbon and oxygen isotope analyses of carbonate using a continuous flow isotope ratio mass spectrometry[J]. The Science Reports of the Kanazawa University, 2012, 56: 45-35.

[154] Nieto F. Chemical composition of metapelitic chlorites: X-ray diffraction and optical property

approach[J]. European Journal of Mineralogy, 1997, 9(4): 829-841.

[155] Pan C, Yang J, Fu J, et al. Molecular correlation of free oil and inclusion oil of reservoir rocks in the junggar basin, china[J]. Organic Geochemistry, 2003, 34(3): 357-374.

[156] Peltonen C, Marcussen , Bjørlykke K, et al. Clay mineral diagenesis and quartz cementation in mudstones: The effects of smectite to illite reaction on rock properties[J]. Marine and Petroleum Geology, 2009, 26(6): 887-898.

[157] Pittman E D, Lumsden D N. Relationship between chlorite coatings on quartz grains and porosity, spiro sand, oklahoma[J]. Journal of Sedimentary Research, 1968, 38(2): 668-670.

[158] Radke M, Welte D H, Willsch H. Maturity parameters based on aromatic hydrocarbons: Influence of the organic matter type[J]. Organic Geochemistry, 1986, 10(1): 51-63.

[159] Rausell-Colom J A, Wiewiora A, Matesanz E. Relationship between composition and d001 for chlorite[J]. American Mineralogist, 1991, 76(7-8): 1373-1379.

[160] Rezaee M R, Tingate P R. Origin of quartz cement in the tirrawarra sandstone, southern cooper basin, south australia[J]. Journal of Sedimentary Research, 1997, 67(1): 168-177.

[161] Saigal G C, Morad S, Bjorlykke K, et al. Diagenetic albitization of detrital k-feldspar in jurassic, lower cretaceous, and tertiary clastic reservoir rocks from offshore norway; i, textures and origin[J]. Journal of SedimentaryResearch, 1988, 58(6): 1003-1013.

[162] Schöne B R, Schmitt K, Maus M. Effects of sample pretreatment and external contamination on bivalve shell and carrara marble δ18O and δ13C signatures[J]. Palaeogeography, Palaeoclimatology, Palaeoecology, 2017, 484: 22-32.

[163] Tamar A M. The influence of cementation on the reservoir quality of the risha sandstone member (upper ordovician), risha gasfield, ne jordan[J]. Journal of Petroleum Geology, 2009, 32(2): 193-208.

[164] Thornley D M, Wilkinson W B, Parker A. A preliminary investigation of the release of oil from contaminated clays and other fine-grained sediments during consolidation[J]. Quarterly Journal of Engineering Geology and Hydrogeology, 2006, 39: 375-390.

[165] Thyberg B, Jahren J, Winje T, et al. Marcussen Quartz cementation in late cretaceous mudstones, northern north sea: Changes in rock properties due to dissolution of smectite and precipitation of micro-quartz crystals [J]. Marine and Petroleum Geology, 2010, 27(8): 1752-1764.

[166] Walderhaug O. Temperatures of quartz cementation in jurassic sandstones from the norwegian continental-shelf-evidence from fluid inclusions[J]. Journal of Sedimentary Research Section a-Sedimentary Petrology and Processes, 1994, 64(2): 311-323.

[167] Walderhaug O. Modeling quartz cementation and porosity in middle jurassic brent group sandstones of the kvitebjorn field, northern north sea[J]. Aapg Bulletin-American Association of Petroleum Geologists, 2000, 84(9): 1325-1339.

[168] Wang Yang, Liu Luofu, Li Shutong, et al. The forming mechanism and process of tight oil

sand reservoirs: A case study of chang 8 oil layers of the upper triassic yanchang formation in the western jiyuan area of the ordos basin, china[J]. Journal of Petroleum Science and Engineering, 2017, 158: 29-46.

[169] Wiewióra A, Weiss Z. Crystallochemical classifications of phyllosilicates based on the unified system of projection of chemical composition: Ii. The chlorite group[J]. Clay Minerals, 1990, 25(1): 83-92.

[170] Worden R, Morad S. Quartz cementation in oil field sandstones: A review of the key controversies[J]. Special Publication-International Association of Sedimentologists, 2000, 29: 1-20.

[171] Xi Kelai, Cao Yingchang, Jahren J, et al. Diagenesis and reservoir quality of the lower cretaceous quantou formation tight sandstones in the southern songliao basin, china[J]. Sedimentary Geology, 2015, 330: 90-107.

[172] Xi Kelai, Cao Yingchang, Liu Keyu, et al. Geochemical constraints on the origins of calcite cements and their impacts on reservoir heterogeneities: A case study on tight oil sandstones of the upper triassic yanchang formation, southwestern ordos basin, china[J]. Aapg Bulletin, 2019, 103(10): 2447-2485.

[173] Yang YT, Li W, Ma L. Tectonic and stratigraphic controls of hydrocarbon systems in the ordos basin: A multicycle cratonic basin in central china[J]. Aapg Bulletin, 2005, 89(2): 255-269.

[174] Yuan G, Gluyas J, Cao Y, et al. Diagenesis and reservoir quality evolution of the eocene sandstones in the northern dongying sag, bohai bay basin, east china[J]. Marine and Petroleum Geology, 2015, 62: 77-89.

[175] Zhao M, Chen X, Ji J, et al. Evolution of chlorite composition in the paleogene prototype basin of jiyang depression, shandong, china, and its implication for paleogeothermal gradient [J]. Science in China Series D: Earth Sciences, 2007, 50(11): 1645-1654.

[176] Zhu S F, Wang X X, Qin Y, et al. Occurrence and origin of pore-lining chlorite and its effectiveness on preserving porosity in sandstone of the middle yanchang formation in the southwest ordos basin[J]. Applied Clay Science, 2017, 148: 25-38.

[177] Zou C N, Zhang G S, Yang Z, et al. Concepts, characteristics, potential and technology of unconventional hydrocarbons: On unconventional petroleum geology[J]. Petroleum Exploration and Development, 2013, 40(4): 413-428.

普通高等教育"十四五"规划教材

《思想道德与法治》案例集

王一喆　主编

中国石化出版社
·北京·

内 容 提 要

本案例集作为本科生公共思想政治理论课《思想道德与法治》的教学辅导用书，积极探索将思想政治理论课教学与大化工行业百年发展史相结合，积极探索思想政治理论课教学与秉承北京化工大学校训“宏德博学、化育天工”相结合，积极探索思想政治理论课教学与北京化工大学师生奋进新时代的鲜活实践相结合，按照时间轴顺序将内容分为“创业篇”“奋斗篇”“创新篇”三大板块，着力为思政课教师充分备课和学生生动掌握理论提供便捷，着力促进思政课程和课程思政的良好互动，着力打造具有大化工特色的高校思想政治理论课的教学体系、学术体系、话语体系。

图书在版编目(CIP)数据

《思想道德与法治》案例集 / 王一喆主编. —北京：中国石化出版社，2022.10(2024.8 重印)
ISBN 978-7-5114-6873-4

Ⅰ. ①思… Ⅱ. ①王… Ⅲ. ①思想修养-教案(教育)-高等学校②法律-中国-教案(教育)-高等学校 Ⅳ. ①G641.6②D920.4

中国版本图书馆 CIP 数据核字(2022)第 172486 号

中国石化出版社出版发行

地址：北京市东城区安定门外大街 58 号
邮编：100011　电话：(010)57512500
发行部电话：(010)57512575
http://www.sinopec-press.com
E-mail：press@sinopec.com
北京中石油彩色印刷有限责任公司印刷
全国各地新华书店经销

*

710×1000 毫米 16 开本 15 印张 238 千字
2022 年 10 月第 1 版　2024 年 8 月第 2 次印刷
定价：49.00 元